Nina Steigerwald

# TRUE HORSE AGILITY

## Gymnastizierung mit Spaß und Schwung

Müller Rüschlikon

Einbandgestaltung: R2 I Ravenstein, Verden

Titelbild: Joost Harenborg

Bildnachweis
**Silva Arlt**: S. 28, 35 re,77; **Jeannette Atherton**: S. 16, 18; **Anke Brümmer:** S. 70 rechts oben, 103 Mitte und unten, 114, 122 unten, 123, 136, 141, 151; **Eva-Marie Essers**: S. 84; **Dagmar Fahnauer**: S. 74; **Peter Fischer**: S. 8, 9, 12 links, 20, 21, 27, 32/33, 36, 37, 38, 39, 40, 41, 43, 47, 48, 49, 53, 59, 61, 62, 63, 65, 70 Mitte und unten, 72, 81, 89, 92, 101, 104, 107 oben, 112 Mitte, 116, 120, 121 oben, 125, 126, 127, 133, 134, 137, 138, 142, 143 oben, 145, 146, 147, 153; **Katja Frey**: S. 15, 22/23, 35 li, 44, 67 unten, 69, 112 unten, 119; **Joost Harenborg**: S. 17 oben, 83, 85, 86, 88, 90, 93, 98, 105, 108, 110, 115; **Kyra Hölzer**: S. 18, 121 unten, 124; **Petra Kalusche**: S. 71, 106 rechts, 107, 112 oben; **Maike Klein**: S.158; **Felix Knaack**: S. 10, 109 unten; **Tom Korte**: S. 139; **Annalen Mohrdiek**: S. 55, 56; **Michael Kolbe**: S. 5; **Corinna Meyer**: S. 24, 106 links; **Claudia Mühlenweg**: S. 94, 143 unten; **Martin Rühl**: S. 30, 32 links; **Nina Steigerwald**: S. 7, 12, 17 unten, 19, 66, 67 oben, 68, 70 links, 76, 78, 79, 80, 87, 95, 96, 99, 100, 102, 103 oben, 104, 109 oben und rechts, 111, 113, 117, 122 oben, 129, 144, 148/149, 153 unten, 154; **Inge Vogel**: S. 131

Die Zeichnungen und Skizzen wurden von Meike Hinrichsen erstellt.



Eine frühere Ausgabe dieses Buches ist mit der ISBN 978-3-275-02011-9 erschienen.

ISBN 978-3-275-02167-3


Postfach 103743, 70032 Stuttgart
Ein Unternehmen der Paul Pietsch Verlage GmbH & Co. KG

1. Auflage 2019

**Sie finden uns im Internet unter www.mueller-rueschlikon-verlag.de**



Lektorat: Claudia König
Innengestaltung: Kornelia Erlewein
Druck und Bindung: Graspo CZ, 76302 Zlin
Printed in Czech Republic

Dieser Link führt Sie zu den in diesem Buch enthaltenen Live-Coachings. Sie können diese auch im Buch über QR-Codes abrufen.

*http://mein.mueller-rueschlikon.de/42167*

# Inhalt

# Auftakt

## Vorwort von Viviane Theby

### Eine Beziehung zum Pferd wie in Kindheitsträumen

**Vor einiger Zeit besuchte ich gespannt und erwartungsvoll eine Freiheitsdressurprüfung in der Schweiz. Was ich sah, enttäuschte mich sehr. Ja, rein körperlich waren die Pferde frei, zumindest in der höheren Klasse. Aber die Kontrolle, die der Mensch ausübte, erschien mir im Vergleich zum herkömmlichen Umgang mit dem Pferd potenziert. Kein einziger Schritt war wirklich frei. Vielmehr wurden die Pferde meist zwischen zwei Gerten mit jedem Schritt kontrolliert. Entsprechend lustlos wirkten die Gesichter der Pferde. Sie »funktionierten« zwar und spulten ihr Programm ab, eine echte Verbindung zum Menschen konnte man jedoch nicht sehen. Die Gesichter der Pferde zeigten deutlich, dass sie nicht wirklich bei der Sache waren.**

*Ganz anders bei der Arbeit, die Sie hier im Buch erwartet.*

Hier geht es wirklich um die freiwillige Mitarbeit der Pferde. Die Pferde wollen mit ihrem Menschen arbeiten, sind also mit Spaß bei der Sache, was man nach Ninas Aussage immer an den lächelnden Gesichtern der Pferde erkennt. Und das hat sie passend beschrieben. Es ist einfach schön, die Begeisterung in den Pferdegesichtern zu sehen. Das ist diese Art von Bindung, von der alle kleinen Mädchen und so manche kleine Jungen schon einmal geträumt haben, was dann nur leider in der Realität mit dem Pferd viel zu selten erreicht wird.

Außer dieser mit Worten kaum zu beschreibenden Bindung wird die Kommunikation mit dem Pferd immer mehr verbessert. Es dauert nicht lange, dann scheint es, als würde es reichen, etwas zu denken, und das Pferd führt es aus. Auch bei dieser Art der Arbeit geht es um Kontrolle. Das ist unabdingbar bei der Arbeit mit Pferden. Allerdings haben Pferd und Mensch dasselbe Ziel. Daher macht das Pferd genau das, was es freiwillig machen würde. Es ist also frei von seinem Standpunkt und macht, was es will. Durch diese Freiheit erreicht man also ein viel größeres Maß an Kontrolle.

Schön beim Agility mit den Pferden ist, dass man es wirklich mit jedem Pferd machen kann. Je nachdem kann man die Hindernisse variieren. So kann man auch mit alten Pferden noch sinnvolle Arbeit machen oder mit Ponys, aus denen man schon lange »herausgewachsen« ist.

Nina Steigerwald versteht es hervorragend, ihr Wissen über das Lernen der Pferde zu einem sinnvollen Trainingsaufbau einzusetzen. Hier merkt man, dass es nicht nach Schema F geht, sondern dass es auf das Individuum, bzw. auf das Team Pferd-Mensch ankommt. Auch von ihren praktischen Trainereigenschaften kann man sich so manch eine Scheibe abschneiden.

Ich bin mir sicher, dass diese Art der Arbeit mit dem Pferd einen Einfluss auf die ganze Pferdewelt haben wird. Denn jeder Pferdemensch, der diese Arbeit sieht, kann eigentlich nur an die Pferde in seinen Kindheitsträumen erinnert werden. Gänsehaut ist vorprogrammiert. Und damit kann dann doch noch ein Teil dieser Träume wahr werden. Auf jeden Fall wünsche ich möglichst vielen Menschen, dass sie dies erleben können, sich inspirieren lassen und es vielleicht auch selbst mit dem eigenen Pferd versuchen.

In diesem Sinne wünsche ich dem Buch viel Erfolg und allen, die es lesen und umsetzen, einige unvergessliche Momente mit ihrem Pferd.

*Viviane Theby*

*Agility mit Pferden erfreut sich einer immer größeren Beliebtheit.*

## True Horse Agility erfreut Pferde

Das Schöne am True Horse Agility ist seine Vielseitigkeit. Für viele unterschiedliche Pferde- und Menschentypen bieten sich Möglichkeiten, gemeinsam sinnvolle Bewegung und Spaß am Tun zu haben. Vom Minishetty bis zum Kaltblut können alle lernen, mit uns durch den Parcours zu laufen und viel für die körperliche Fitness zu tun. Gerade die Freiarbeit verbessert die Kommunikation und das Miteinander mit unserem Freizeitpartner Pferd. Vor 15 Jahren begann ich mit meinem Collie Agility in der Hundeschule. Schon damals dachte ich: Das müsste man auch mit Pferden machen – hatte aber keine Idee, wie ich das hätte bewerkstelligen sollen. Pferde laufen schließlich am Strick und Freiarbeit ist wenigen Profis vorenthalten.

Gute zehn Jahre später bekam ich eine komplett andere Perspektive – dank Viviane Theby und Katja Frey, die mich im Training mit positiver Verstärkung ausbildeten. Es geht nicht darum, einen »Knackfrosch« zu benutzen, es geht darum, verstehen und anwenden zu lernen, wie die Lerngesetze funktionieren.

Nun ist es möglich geworden, mit seinem Pferd durch einen Parcours zu laufen und Agility zu machen. Im Hundebereich kennt man spektakuläre Bilder von Hunden, die mit einem Affenzahn und offensichtlicher Begeisterung über Hindernisse und Geräte flitzen. Natürlich können wir nicht alles eins zu eins auf unsere Pferde übertragen. Das in den 1970er-Jahren entwickelte Agility für Hunde wurde vom Pferdesport inspiriert und heute machen wir den Transfer zurück. Pferde sind zwar »Rudel«- aber auch Fluchttiere und Pflanzenfresser mit einem anders konzipierten Bewegungsapparat. Dadurch gestaltet sich das Agility-Training mit Pferden etwas anders als bei Hunden.

*Selbstverständlich braucht ein »Freiarbeits-Pferd« beim Putzen nicht angebunden zu werden.*

Dort gibt es verschiedene Sprünge – Hürden, Reifen, Mauern und Weitsprünge –, Slalom, Tunnel und Kontaktzonengeräte. Dies sind der Steg, die A-Wand, die Wippe und der Tisch. Hierbei kommt es neben dem Tempo auch auf die präzise Bewältigung der Anfangs- und Endstücke des Gerätes an.

Den Hauptunterschied beim Agility mit Pferden machen für mich die Geräte aus, welche entschleunigen und kleine, feine Koordination fordern, wie z.B. die Ganzkörperwippe (s. S. 95). Langsame, bewusste Bewegungen sind ein großer Nutzen für Pferde, weil hiervon die gesamte Motorik profitiert. Das gilt für Pferde jeden Alters und jeder Rasse. Verbinden wir jetzt solche Aufgaben mit Elementen aus dem Hunde-Agility, ergibt sich ein körperlich und geistig anspruchsvoller Sport.

Wir stehen noch ganz am Anfang. Vielleicht wird es eines Tages neben all den verbreiteten Disziplinen im Pferdesport eine eigene Agility-Sparte geben, es gibt aber im Moment kein »Richtig« und kein »Falsch«. Es gibt viele individuelle Wege, mit unseren Pferden Agility zu machen.

Ich möchte Sie einladen, sich aus den Angeboten und Möglichkeiten, die ich hier vorstelle, das mitzunehmen, was zu Ihnen und Ihrem Pferd passt. Sie werden begeistert sein, was für Seiten Sie an Ihrem Pferd entdecken, wenn Sie sich gemeinsam auf dem weiten Feld »Agility« bewegen. Manches wird schwierig in der baulichen Umsetzung sein, manches wird sich im Training anders darstellen, als man ursprünglich annahm. Es gibt immer eine Alternative! Seien wir kreativ und finden wir heraus, mit welchem Weg unser Pferd und wir den größtmöglichen Spaß und Nutzen haben.

## Training mit positiver Verstärkung

Es gibt – nicht nur bei Pferden – zwei Handlungsmotivationen: Angenehmes erreichen und Unangenehmes vermeiden. Möchten wir also von unserem Pferd, dass es in irgendeiner Form handelt, haben wir die Wahl zwischen diesen beiden Kanälen. Die Lern- und Hirnforschung hat in den vergangenen Jahren enorme Fortschritte gemacht und bestätigt die Aussagen Bob Baileys, der seit über 50 Jahren auf höchstem Niveau Tiere aller Arten trainiert. Er hat durch die Entwicklung der »Hühnermodule«, der »Operant Conditioning Chicken Workshops«, Trainern die Möglichkeit gegeben, erfolgreich mit Tieren zu kommunizieren. Lernen in einer Atmosphäre, in der es keinerlei Druck, Zwang oder Strafe gibt, funktioniert am Besten. Erlebtes wird besser verknüpft, so Erlerntes wird besser abgespeichert, Verhalten wird zuverlässiger gezeigt. Hierfür nutzen wir das Training mit dem Clicker, denn: »Jedermann kann mit jeder Methode fast jedes Verhalten trainieren – wenn er genug Zeit dafür bekommt.« (Bob Bailey) Der effizienteste und schnellste Weg ist aber der tierfreundlichste. Ein Pferd, was genau weiß, was es tun soll, wird dies auch umsetzen und mehr Erfolgserlebnisse haben. Unsere eigene Freude daran ist vorprogrammiert.

Bobs Aussage: »Training ist ein Handwerk« klingt erst einmal nüchtern. Wie viel ansprechender ist doch eine Aussage wie »Reiten ist eine Kunst«. Es reicht nicht nur zu wissen, wie man einen Hobel benutzt, man muss ihn auch über das Holz führen können. Ich möchte darauf hinaus, dass man sowohl das Theoretische als auch das Praktische lernen kann, was zu einer guten Kommunikation mit unserem Pferd führt. Nach den ersten Longenstunden ist auch noch keiner auf die Idee gekommen, eine L-Dressur reiten zu wollen. Für die Basisarbeit mit dem Clicker finden Sie in unserem Buch »Clickerfitte Pferde« viele wertvolle Tipps. Praxis bekommt man aber nur durch Praxis. Schauen Sie nach guten Trainern in Ihrer Gegend, und lernen Sie ein faszinierendes Handwerk, was ungeahnte Kommunikationsmöglichkeiten mit Ihrem Pferd mit sich bringt.

*Eine besondere Beziehung durch Clickertraining.*

## Die drei Säulen

Wenn ich schreiben würde: »Timing ist alles!«, dann stimmt das zwar nicht, aber das Timing ist ein sogenannter limitierender Faktor. Stimmt dieses nicht, kann der ganze Rest auch nicht funktionieren. Timing beschreibt den exakt präzisen Moment des Clicks, also wenn genau das gezeigt wird, was wir wollen. Pferdehirne können keine großen Zeiträume überblicken, deswegen hat auch die *Übergabe* des Futters so schnell wie möglich zu erfolgen, damit es wirklich mit dem geclickten Verhalten verknüpft wird. Stellen wir uns vor, unser Chef würde zu uns sagen: »Aus Kostengründen erfolgt die Auszahlung Ihres Gehaltes in einer Summe am 31.12. jeden Jahres, wir sparen dadurch viel in der Buchungsabteilung.« Wie hoch ist dann Ihre Motivation, an einem grauen Montagmorgen im Februar aufzustehen?

Um schnell zu sein, greifen wir nach dem Füttern wieder direkt in die Tasche und nehmen das Futter in die Hand. Sie bleibt dort. Nachdem wir geclickt haben, wird sofort der Arm mit dem Futter ausgestreckt und unserem Pferd präsentiert.

*Es ist extrem hilfreich, ohne Pferd den Ablauf »unbeweglich stehen-clicken-füttern-Hand wieder in die Tasche-neue Portion greifen« zu üben.*

Wir sollten dies auch immer wieder »trocken« üben, d.h. ohne Pferd.

Und da kommen wir auch schon zur zweiten Säule, den Kriterien. Kriterien beschreiben, was wir vor jedem Trainingsdurchgang festlegen. Wofür genau gebe ich C+B? *Anmerkung: C+B steht für »Click und Belohnung«.* Durch die häufige Erwähnung benutze ich der Einfachheit halber diese Abkürzung. Nur, wenn wir wissen, was wir bestärken wollen und was nicht, sind wir in der Lage, es im Training mit unserem Pferd auch umzusetzen. Und nur dann kann unser Pferd uns verstehen und sich entsprechend verhalten. Das beinhaltet für uns zudem den Faktor »Daumendisziplin«: Wenn das Verhalten nicht so ist, wie unser Pferd es in anderen Trainingsdurchgängen erfolgreich gezeigt hat, dann dürfen wir es auch nicht bestärken. Ein Tier im Training ist das Gegenteil einer Wursttheke. Es fragt uns: »Darf es auch ein bisschen weniger sein?« Nur wenn unsere Antwort »Nein« in Form von Nicht-Clicken lautet, wird es sich anstrengen.

Verhält es sich anders und geht während des Trainings einfach weg, wissen wir, dass die dritte Säule, die »Rate of reinforcement«, die Bestärkung pro Zeiteinheit, zu niedrig war. Angenommen, wir möchten einmal mit dem freien Pferd um den ganzen Platz traben. Nach der dritten Seite wechselt es unaufgefordert nach innen und fällt in den Schritt. Was passiert hier? Es lohnt sich nicht, unser Spiel mitzuspielen. Wir müssen also vor dem Ende der dritten Seite eine Übung einbauen, die geclickt wird oder das Mitlaufen selbst clicken. Läuft unser Pferd nach ein paar Durchgängen sicher die drei und dann vier Seiten, gibt es danach eine höher bestärkte Übung, damit die Bilanz wieder stimmt.

# Plan und Kamera

Ein merkwürdiges Paar? Sie haben eines gemeinsam: Vernünftig eingesetzt, können sie unser Training entscheidend verbessern, der eine vorher und die andere danach.

Woran merken wir, dass sich unser Training verbessert? Wenn unser Pferd besser wird. Darin liegt unsere Aufgabe als Trainer: es unserem Pferd so einfach wie möglich zu machen, erfolgreich zu sein.

*Gute Helfer im Training: Uhr und Notizblock*

In der Praxis sieht es so aus, dass wir uns vor dem Training einen Plan machen. »Wenn du weißt, was du tust, kann dein Tier tun, was du willst.« Die Beantwortung einiger Fragen hilft uns, das Verhalten »Amadeus springt auf das Podest« genauer unter die Lupe zu nehmen:

- Wo starten wir?
- Was ist das Signal dafür?
- In welchem Tempo laufen wir das Podest an?
- Was ist das Signal dafür?
- Wie ist die Halshaltung meines Pferdes beim Laufen?
- Gibt es dafür ein Signal?
- Wo laufe ich in Bezug auf mein Pferd?
- Wo und wie steht das Podest?
- Welche Maße hat es?
- Wie ist das Signal für Springen?

*Eine Pause zum Überdenken unseres Planes ist wichtig.*

*Sprung auf das Podest.*

Hätten wir nur die Definition des Zielverhaltens »Amadeus springt auf das Podest« wäre das zu mager, weil wir dann nur ein einziges Kriterium haben. Wir würden immer wieder mit Amadeus das Hindernis üben. Mal würde es einen netten Sprung geben, mal würde er außen vorbeilaufen, mal abbremsen und hinübersteigen ... Wir würden ab und zu einen Sprung clicken können, aber so ein Vorgehen ist »mehr vom selben«: Eine Aufgabe wird unverändert immer wieder gemacht, in der Hoffnung, unser Pferd möge doch nun endlich verstehen, worum es geht. Das wird es auch. Irgendwann. Wir verlängern den Lernweg unnötig, wenn wir im Training keine präzise Vorstellung von den Einzelschritten des Zielverhaltens haben.

Wir erkennen dann recht schnell, dass sich ein schlichter Sprung aus ganz vielen Komponenten zusammensetzt. Das Gute hierbei ist, dass wir präziser an den einzelnen Zonen arbeiten können, um dann ein zuverlässiges und schönes Ergebnis zu bekommen.

**Die Antworten auf die Fragen von Seite 11**

- In zehn bis fünfzehn Metern Entfernung.
- Ich gehe los.
- Amadeus trabt.
- Ich beginne zu laufen.
- Amadeus trabt in leichter Dehnungshaltung.

Für jede dieser Antworten fragen wir uns dann: Was davon kann unser Pferd? Was funktioniert sicher, worauf können wir aufbauen und was davon haben wir noch nie gemacht? Der Zettel, den wir mit auf den Trainingsplatz nehmen, sollte drei Spalten haben: Spalte eins ist für die Kriterien: Was clicke ich in diesem Durchgang? Spalte zwei ist für das Resultat und/oder die Probleme und Spalte drei ist der Ausblick auf den nächsten Durchgang.

### *Beispiel für einen Trainingsplan*

| ***Datum*** | ***02.11.14*** | | | | |
|---|---|---|---|---|---|
| | | | | | |
| ***Verhalten*** | ***Amadeus trabt die lange Seite neben mir*** | | | | |
| | | | | | |
| ***Kriterium*** | | ***richtig/falsch*** | ***Anmerkung*** | | |
| | | | | | |
| ***Nase auf Buggelenkshöhe*** | | ***6 zu 4*** | ***kritische Zone beim Antraben*** | | |
| | | | | | |
| ***nur Antraben*** | | ***9 zu1*** | ***besser!*** | | |
| | | | | | |
| ***Nase unten und halbe Seite*** | | ***8 zu 1*** | ***nächsten Durchgang Hindernis dazu*** | | |

**könnten dann folgendermaßen lauten:**

- Ein leichtes Oberkörper-Absenken meinerseits.
- Ich laufe seitlich in ca. einem Meter Entfernung, etwa auf Schulterhöhe.
- Das Podest steht frei im Parcours.
- Es ist mindestens einen Meter breit und lang bei fünfzig Zentimetern Höhe.
- Ich strecke den Arm, der zu meinem Pferd zeigt, gerade nach vorne, der Handrücken weist zum Pferd. Dies geschieht auf den letzten drei Metern vor dem Hindernis.

## Die Kamera

Eines der besten Hilfsmittel im Training unseres Pferdes sind Video-Aufnahmen. Anhand derer können wir überprüfen, was gut funktioniert hat und was nicht. Dieses Gerät ist so freundlich, uns ganz ungeschminkt zu zeigen, wo wir uns eventuell zu weit eingedreht haben, wo der Punkt war, als wir unser Pferd verloren haben etc. Selbst wenn wir keinen helfenden Kameramann zur Seite haben: Es gibt auch Stative für Smartphones. Wir müssen nicht unser ganzes Training anschauen, um dieses Werkzeug zur Verbesserung unseres Trainings zu benutzen, es reichen aus einer Stunde drei Ausschnitte von drei Minuten.

Behaviour ist lawful – Verhalten unterliegt Gesetzen, so auch unsere Fehler. Wenn wir vor dem Clicken mit der Schulter zucken, dann passiert das in einem Großteil der Trainingszeit und ist in einem Drei-Minuten-Ausschnitt zu entlarven. Drückt unser Pferd in Neutral-Null (s. S. 32) den Unterhals raus? Auch dieses Verhalten wird nicht nur einmal auftreten – würde es dies tun, wäre das kein Problem und wir müssten in unserem Training nicht weiter darauf eingehen.

## Umgang mit Fehlern

Gehen wir mit Köpfchen an unser Agility-Training, überlegen wir uns also vorher, was unser Pferd schon kann und rufen uns mit Hilfe unserer Aufzeichnungen ins Gedächtnis, woran wir beim letzten Mal trainiert haben und wie weit wir dabei gekommen sind. Der erste neue Durchgang im Training dient dem Abfragen der Ergebnisse der letzten Einheit. Ganz häufig können wir exakt an demselben Punkt weitermachen, an dem wir beim letzten Mal aufgehört haben. Wenn unser Pferd nun doch nicht so reagiert, wie wir es erwartet haben, sollten wir eine kurze Pause machen und überlegen, woran es liegen könnte. Was ist heute anders? Ist es heute vielleicht wärmer als beim letzten Mal? Reagiert mein Pferd schlechter auf das Signal zum Antraben, weil wir gestern einen flotten Ausritt gemacht haben und es noch etwas müde ist? Bin ich gedanklich bei der Steuererklärung und gebe deswegen meine Signale zu spät? Die Arbeit mit positiver Verstärkung hat für das Pferd den angenehmen Effekt, dass wir Menschen den Fehler in unserem Training suchen und unser Verhalten darauf einstellen.

Wir sind größtenteils mit der »Rotstift-Mentalität« des Schulsystems groß geworden. Fehler werden hervorgehoben, aber was ist mit dem ganzen Rest, der gut ist? Viele Menschen neigen dazu, sich selbst für eigene Fehler an die Stirn zu hauen. Hilft das? Begrenzt. Wie viel schöner ist da der Spruch von T. A. Edison: »Ich bin nicht 10.000 Mal gescheitert, ich habe erfolgreich 10.000 Wege gefunden, die nicht funktionieren.« Wenn wir einen Fehler von uns und unserem Pferd bemerken, empfehle ich lächeln, atmen und im Geiste »Daneben. Weiter.« zu sagen. Wir sollten unsere Fehler als Ansporn nehmen, etwas zu ändern und besser zu werden und uns darauf freuen.

Ein gedankliches Hilfsmittel ist das Ampeltraining. Unsere Trainingsampel ist auf grün, wenn wir in jeder Trainingssession einen Schritt weiterkommen. Dann können wir gemäß unseres Planes fortfahren. Versteht unser Pferd nicht, was wir wollen, sollte die gelbe Lampe aufleuchten. Wir fragen uns: Was stimmt da nicht? Und wenn unsere Übung gar zwei- oder dreimal hintereinander nicht klappt, wird die Ampel rot: Stopp! Wir müssen das Training unterbrechen und die Übung überdenken.

*Hoppla ... vorbei! Was mache ich jetzt?*

Wenn wir merken, dass nichts so richtig klappen will und wir auch keine Lösung für das Problem finden, beschränken wir uns erst einmal darauf, etwas anderes weiter zu trainieren und zu festigen. So haben wir und unser Pferd erst einmal wieder Erfolgserlebnisse und können daraus neu an die schwierigere Übung herangehen. Hier lauert aber eine kleine Falle: Wenn wir es immer so machen, wenn wir vor einer Herausforderung stehen, stagniert unser Training. Warum sich anstrengen, wenn es doch auch billiger geht? Wenn wir drei Mal hintereinander bei einer bestimmten Aufgabe nicht weiterkommen, sollten wir uns um Hilfe bemühen. Unser Pferd versteht dann den jeweiligen Trainingsschritt nicht. Das ist oft der Fall, wenn die einzelnen Lernstufen zu hoch sind. Meißeln wir also gedanklich ein paar Zwischenstufen in den Trainingsaufbau, dann wird es uns als Agility-Team leichter fallen, die Treppe zum Endverhalten zu besteigen.

## Das Matching Law

Richard Herrnstein, ein Schüler B.F. Skinners, entdeckte und formulierte 1961 dieses Lerngesetz, das im Deutschen als »Gesetz des relativen Effekts« bekannt ist: »Wenn gleichzeitig zwei alternative Verhaltensweisen möglich sind, ist der relative Anteil einer bestimmten Verhaltensweise gleich dem relativen Anteil an Verstärkung, den diese Verhaltensweise bisher erfahren hat.« Was bedeutet diese etwas sperrige Aussage, die in der Literatur sogar noch mit Formeln versehen wird, konkret für unser Training?

Sie erklärt, warum manche Verhalten nicht so zuverlässig gezeigt werden, wie wir es doch eigentlich gerne hätten und auch schon oft bestärkt haben. Nehmen wir als Beispiel das Verhalten: »Ich bleibe mit meinem Maul auf 30 cm Entfernung zu dem Menschen mit Futter.«

Wir stehen mit unserem Pferd am Podest und es berührt unsere Futtertasche. Wenn es damit aufhört, geben wir das Signal zum Aufsteigen. Hiermit bestärken wir gleichzeitig, dass unser Pferd sich nicht an die Höflichkeitsregeln gehalten hat. Es hat sich also gelohnt, die Tasche zu berühren. Jedes Mal, wenn das passiert, bekommt das Taschenberühren einen Pluspunkt. Dieser wird direkt in die persönliche Statistik unseres Pferdes für »Verhalten, die sich lohnen« aufgenommen.

*Wer schon 500 Clicks für Traben mit angelegten Ohren bekommen hat, wird dies in Zukunft auch immer wieder tun.*

Wenn wir fünfzig Mal unbewusst das falsche Verhalten bestärken und fünfzig Mal das richtige, steht die Wahrscheinlichkeit eins zu eins, dass unser Pferd beim einhundert ersten Durchgang das gewünschte Verhalten zeigen wird. Um in den grünen Bereich von Training zu kommen, d.h. mindestens achtzig Prozent richtige Durchgänge zu erzielen, braucht es bei fünfzig Fehlern in der Trainingsgeschichte mindestens zweihundert richtige Clicks. Bei fünfhundert richtigen Clicks ist immer noch von elf Versuchen einer falsch. Weil das andere sich zu oft gelohnt hat. Aus diesem Grund ist es aufwändig, gegen Verhalten anzutrainieren, die eine starke Belohnungsgeschichte haben. Unter diesem Gesichtspunkt ist die Daumendisziplin so wichtig. Wenn das Verhalten nicht das ist, was in diesem Trainingsschritt dran ist, wir es aber trotzdem bestärken, »weil er es doch versucht hat«, dann schwächen wir das Zielverhalten. Für unser Pferd sind wir dann schlechter verständlich.

Hieraus erklärt sich auch, warum wir auf *keinen Fall* einen Fehlclick füttern sollten. Unser Pferd bekommt die Information »dieses Verhalten lohnt sich«, wenn wir geclickt haben, als z.B. der Huf auf der Wippe hochgenommen wurde. Dass dies aus Versehen geschah, weil wir unseren Focus nur auf der Wippbewegung hatten und das Bein nicht gesehen haben, kann unser Pferd nicht wissen. Es wird wieder den Huf hochheben und sich wundern, warum es dieses Mal kein Futter bekommt. Das so etwas deutlich unangenehmer ist, als einmal einen Click nicht gefüttert zu bekommen, können alle bestätigen, die bei Trainerspielen schon einmal Pferd waren. Haben wir im Training zu oft Fehlclicks, schulen wir unser Auge und unser Reaktionsvermögen mit Übungen ohne Pferd. Hier können wir z.B. einen Flummi nehmen, ihn kräftig auf den Boden werfen und dann jeweils den höchsten Punkt seiner Flugbahn clicken.

## Signale und Kommunikation

Wir teilen unserem Pferd mit, dass wir möchten, dass es eine Handlung ausführt. Und am liebsten tut es dies dann freudig, prompt, zuverlässig in verschiedenen Situationen und genau so, wie wir es gerne hätten. Und nur, wenn das entsprechende Signal dazu gegeben wird und sonst nicht. Dann spricht man davon, dass ein Verhalten unter Signalkontrolle steht.
Das klingt mit diesem Wort ja schon etwas nach Zwang, ist aber bei einem so großen Turnpartner

Steigen immer nur mit sauberer Signalkontrolle

wie dem Pferd schlicht unerlässlich. Ich höre auch immer wieder Klagen von Tierärzten oder Tierheilpraktikern, dass es fast unmöglich ist, manche Pferde vernünftig zu untersuchen, weil jede Geste als Signal gedeutet wird, irgendeinen tollen Trick zu zeigen, auch wenn das gerade nicht auf der Agenda steht. Ich muss zugeben, dass ich es bei meinen blauäugigen Clickeranfängen auch sehr süß fand, als meine Ponys bei der Huforthopädin auf den Bock stiegen, nachdem ich vorher das Podest geübt hatte. Jetzt kommt das große Aber: Ein Pferd, was nicht unter Signalkontrolle steht und viele unterschiedliche Verhalten kann, macht im Training keine große Freude. Das gilt nicht nur für Verhalten wie Steigen oder den Spanischen Schritt, sondern eigentlich für alles. Was ist, wenn wir uns bücken, weil wir die Matte noch ein Stück verrücken wollen, um sie optimal zu positionieren, und unser Pferd macht voller Begeisterung schon einmal einen Schritt hinauf? Das kann wehtun. Zum Aspekt »Sicherheit« kommt noch hinzu, dass eine saubere Signalkontrolle sehr viel fairer für unser Pferd ist. Es weiß ganz genau, wann es etwas tun soll und wann nicht und ist dadurch nicht in einer ständigen, Bordercollie-ähnlichen Erwartungshaltung.

Dieses Phänomen tritt auf, weil unser Pferd sich natürlich gerne etwas verdienen möchte. Es ist unsere Aufgabe, ihm zu erklären, dass es das nur unter bestimmten Bedingungen kann. Nämlich immer, wenn wir ein Signal geben. Geben wir keines, zeigt sich, ob das Alternativverhalten schon genug bestärkt wurde. Das ist in diesem Fall ruhiges, höfliches Stehen, welches wir mit der Uhrenübung (s. S. 30) effektiv trainieren können.

Der ausgestreckte Arm signalisiert Frieda, dass es sich jetzt lohnt, den Hügel zu erklimmen.

Wir geben unsere Signale, egal welche, nur, wenn das Verhalten in dem jeweiligen Moment eines ist, das wir auch haben wollen. Unser Pferd zappelt vor der Wippe herum, weil es endlich rauf will. Wir lassen es rauf und clicken nun für schönes Wippen, haben aber in diesem Moment das Zappeln bestärkt.

Die Bezeichnung »Signal« ist in der Pferdewelt eher ungebräuchlich. Wir kennen sonst Kommandos, Befehle und Hilfen. Bei den ersten beiden Begriffen schwingt etwas militärisch Lautes, auf »Gehorsam« Ausgerichtetes mit. Wollen wir es in die Trainersprache übersetzen, könnte es für Kommando so heißen: »Akustisches Signal, das mit Lautstärke und Durchsetzungswillen gegeben wird.« Möchten wir so mit unserem Partner Pferd kommunizieren? Übersetzen wir das Wort Hilfe, bekommen wir: »Taktiles Signal, das bei Nichtbeachtung stärker und dadurch meist unangenehmer wird und ggf. eine Strafe nach sich zieht.« Eine schöne Freizeitbeschäftigung?

Bei dem Training mit positiver Verstärkung sprechen wir dagegen von Signalen, wobei selbstverständlich auch andere Trainingsmethoden Signale nutzen, nur haben sie manchmal klangvollere Namen. Was ist ein Signal überhaupt? Wir können es wie folgt definieren: »Ein Signal kann zur Übertragung von Informationen genutzt werden. Voraussetzung ist, dass der Empfänger eine definierte **Bedeutung** darin erkennt, über einen geeigneten **Aufnahmekanal** verfügt und den **Informationsgehalt** entsprechend auswerten kann.« Dies sind drei entscheidende Punkte, die wir als Mensch erfüllen müssen, damit unser Pferd uns überhaupt verstehen kann.

*»... eine definierte Bedeutung darin erkennt, ...«* Wie erkennt unser Pferd denn einen Sinn in dem, was wir tun oder sagen? Indem wir konsequent, d.h. zuverlässig, durch Training Verknüpfungen herstellen. »Immer, wenn ich neben meinem Menschen gehe, er losläuft und ich auch antrabe, dann bekomme ich C+B.« So könnten wir uns den Sinn in dem Signal zum Antraben im Pferdehirn

*Durch die Belohnungsgeschichte des Aufgangs ergibt dieses Verhalten Sinn für Freya.*

denken. Ein Signal ist eine Wenn-Dann-Verknüpfung, die mit der Anzahl der Wiederholungen immer stärker wird.

»... *über einen geeigneten Aufnahmekanal verfügt* ...« Kann unser Pferd ein Wortsignal wahrnehmen und verknüpfen, wenn wir gleichzeitig ein deutlich wahrnehmbares Körpersignal machen? 99 % aller Pferde werden antraben, wenn wir »Steh« sagen und gleichzeitig kräftig mit den Schenkeln treiben. Wir müssen für die Aufgaben, die wir unserem Pferd stellen, also einen geeigneten Sinneskanal wählen. Da sind beim Pferd leider die Ohren eher auf den hinteren Rängen angesiedelt, akustische Signale sind am schwersten zu verstehen und erst recht auseinanderzuhalten.

Pferde als Fluchttiere achten in erster Linie auf Bewegungen. Das ist in puncto Kommunikation quasi ihre Muttersprache. Hierunter fällt, was wir mit unserem ganzen Körper machen. Unser Pferd nimmt Drehungen der Schulter, die Haltung unseres Oberkörpers und auch unsere Position in Relation auf seinen Körper besonders gut wahr. Was wir mit unseren Armen und Händen machen, ist für Pferde schon etwas schwerer zu verstehen, fällt aber auch noch in den Bereich »Bewegung« und ist deswegen gut trainierbar. Stimmliche Signale im Pferdetraining können wir mit chinesischen Vokabeln für Europäer vergleichen. Es sind Laute, die erst einmal ohne jegliche Bedeutung sind. Natürlich können wir unserem Pferd die Bedeutung akustischer Signale beibringen, selbst wenn sie isoliert, d.h. ganz ohne taktile oder optische Signale gegeben werden. Es ist nur wichtig zu wissen, dass dies mehr Zeit in Anspruch nehmen wird und wir beim Training genau arbeiten müssen. Im Zweifelsfall wird sich unser Pferd immer für die Information entscheiden, die es am besten versteht.

»... *den Informationsgehalt entsprechend auswerten kann.*« Es kann gut sein, dass unser Pferd den vorgestreckten Arm sieht, den Sinn erkennt,

*Die Anwesenheit eines Menschen mit Futter und ein begrenzter Untergrund signalisieren Silver, sich mit möglichst vielen Hufen darauf zu bewegen.*

*Ein Tennisball vor der Nase ist das Signal, ihn zu berühren.*

*Menschen arbeiten für Geld – Pferde unter anderem für Müsli!*

auf das Wackelbrett zu gehen, aber noch Angst vor beweglichen Untergründen hat, weil es zu wenig positive Erfahrungen damit hat. Dann ergibt die persönliche Auswertung »Könnte gefährlich sein. Noch nicht genügend Erfahrungswerte mit unbekanntem Drauftret-Objekt vorhanden.«, dass unser Pferd es vorzieht, stehen zu bleiben.

**Wir nutzen im Training optische, taktile und akustische Signale: Sicht-, Fühl- und Hörzeichen**

Noch ein paar Gedanken zu Sticks, egal ob mit Carrot oder Kommunikation als Vorname. Ich mache Agility ohne. Zum einen ist es viel angenehmer, nicht noch ein Extra-Teil in der Hand zu haben, dessen Handling wir wie das des Clickers auch noch üben müssen. Wir selbst bewegen uns immer freier, wenn wir keinen langen Gegenstand mit uns tragen. Zum anderen sollten wir uns immer der Verknüpfung bewusst sein, die unser Pferd mit langen Gegenständen hat, an denen etwas baumelt.

Wir wissen alle, dass Pferde kopfscheu werden, wenn man sie zur Strafe mit der Hand am Kopf schlägt, was bedeutet, dass die Pferde die Erfahrung des Geschlagen-Werdens mit der Hand verknüpfen und nicht unbedingt mit dem vorher gezeigten Verhalten. Eine Gerte, eine Peitsche oder ein Stick werden nun einmal auch dazu eingesetzt, um zu strafen, wenn unser Pferd das gegebene Signal nicht ausführt. Sei es mit rhythmischem Druck oder einem schlichten Schlag, unangenehm ist es auf jeden Fall. Wir erinnern uns wieder an die Handlungsmotivation »Unangenehmes vermeiden«, die die Wahrscheinlichkeit erhöht, dass ein Verhalten gezeigt wird. Wenn ich Schüler frage, warum sie Hausaufgaben machen, bekomme ich sehr häufig als Antwort: »Damit ich keinen Stress bekomme.«

*Vertrauen durch Miteinander*

Also werden Hausaufgaben gemacht, mit wie viel Freude so etwas einhergeht, da mag sich jeder an seine eigene Schulzeit zurückerinnern. Das Signal »der Lehrer schreibt die Hausaufgaben an die Tafel« ist unabdingbar damit verknüpft, dass man am nächsten Tag ohne selbige Ärger bekommt, also werden sie erledigt. Was ist nun mit dem Signal »Rückwärts« an unser Pferd, wenn wir, sollte es nicht rückwärtsgehen, mit einem Stick in die Brust piken? Ja, wahrscheinlich wird das Pferd zurückgehen, aber möchten wir wirklich, dass unser Pferd nur das tut, was wir von ihm verlangen, weil es sonst ungemütlich wird?

Mit wie viel Freude wird das Signal »Zurück« befolgt werden, wenn ihm die Drohung »Wenn nicht, dann pike ich dich!« innewohnt? Uns wurde es fast allen so beigebracht, man muss sich halt durchsetzen bei Pferden, der Herdenchef macht ja auch Druck. Nur geht es bei Auseinandersetzungen solcher Art um zwei Vertreter einer Spezies, wovon einer eine Ressource wie Futter oder Stuten verteidigt. Das Gerangel, Beißen, Scheuchen und Treten auf deutschen Paddocks dürfen wir auch aus einem anderen Grund nicht mit natürlichem Pferdeverhalten vergleichen: SO eng ist es nie in der Steppe.

Zurück zu Signalen. »Bis morgen bitte die Aufgaben eins bis sechs auf Seite elf machen. Direkt nach Beendigung bekommst du einen Euro.« Mit einer solchen Handlungsaufforderung macht man das Gewünschte doch viel lieber, oder? In manchen Schulen wird inzwischen schon mit Sternchen-Aufklebern gearbeitet, um die Motivation der Schüler für bestimmte Aufgaben zu fördern. Für einen Dreizehnjährigen sind französische Grammatikregeln selten etwas, was ihn per se interessiert und wofür er eine eigene, innere Motivation hat, sich dieses Thema zu eigen zu machen.

Dies nennt man intrinsische Motivation, wenn eine Handlung um ihrer selbst willen ausgeführt wird. Bei dem Training meiner Pferde habe ich mich vor vielen Jahren davon verabschiedet, dass sie etwas für mich tun. Sie machen heutzutage die großartigsten Sachen *mit mir*. Und für ihre Bestärkung.

Lassen wir uns doch einmal beim Umgang mit unserem Pferd filmen, möglichst bei der Arbeit am Boden und im Schritt. Dann nehmen wir einen Zettel und machen fünf Spalten: gewünschtes Verhalten – Wort – Arme – Körper – Reaktion. Hier tragen wir folgende Beobachtung ein: Anhalten – Halt – zum Pferd gewandte Hand auf Schulterhöhe nehmen – stehen bleiben, beide Füße nebeneinander hinstellen – verlangsamt, hält nach drei Schritten an. So können wir identifizieren, was wir eigentlich alles machen, wenn wir unserem Pferd ein Signal geben.

Jetzt können wir bewusst ein Signal weglassen, z.B. das Heben der Hand. Alles andere setzen wir genau so ein wie immer. Hält unser Pferd jetzt schlechter an? Besser? Genau so? Wir lassen nach und nach jedes einzelne Signal weg. In einem Großteil aller Fälle werden wir ein Pferd haben, das kurz aufmerkt, wenn wir »Halt« sagen und die Hand heben, dabei aber weiter mit uns mitkommen. Wir können durch solche Aufzeichnungen unserem Pferd im Training wirklich helfen, weil wir dadurch erkennen, worauf unser Pferd reagiert. Diese Erkenntnisse sinnvoll im Training eingesetzt, bringen eine deutlich bessere Kommunikation mit sich. Unsere Belohnung für solche »Fleißarbeiten« – draußen mit seinem Pferd zu trainieren, macht mehr Spaß, als sich Videoaufnahmen von ein und demselben Verhalten anzugucken – ist es, von unserem Pferd verstanden zu werden.

*Ungehorsam oder der natürliche Impuls, sich in fremder ...*

## Kommunikation durch Körpersprache?

Catherine Henshall, Master of Animal Science Candiate an der Universität von Sydney, führte 2012 eine interessante Studie durch: Sie ließ mit mehreren Pferden ein Join-Up durchführen – mit ferngesteuerten Autos. Es konnte den Pferden sogar beigebracht werden, den Autos zu folgen. Dieses Ergebnis erstaunt nicht, wenn

.. *Umgebung zu orientieren?*

wir so ein Training vom Gebiet der Lerntheorie aus betrachten. Es ist der saubere Einsatz von negativer Verstärkung. Das Unangenehme ist in diesem Fall ein unbekanntes, sich schnell auf dem Boden hinter einem Fluchttier bewegende Objekt, was zudem auch noch Geräusche macht.

Das gilt es zu vermeiden. Es hört auf, wenn das Pferd sich diesem zuwendet und setzt wieder ein, sollte die Aufmerksamkeit des Pferdes woanders hingehen. Wenn wir jetzt das unbekannte Objekt durch einen »Seil schwingenden Menschen« ersetzen, wissen wir, dass schlicht und ergreifend Meideverhalten dazu führt, dass Pferde sich jemandem anschließen, der sie vorher bedroht hat. Tiere tun das, was sich lohnt. Wenn es sich lohnt, sich dem Unangenehmen zuzuwenden, weil das weniger Kalorien verbraucht, als weiter davor wegzulaufen, dann wird ein Pferd auch einem Auto hinterherlaufen – auch wenn Autos die Körpersprache von Pferden sicher nicht beherrschen.

In manchen Trainingsphilosophien herrscht häufig die Ansicht, der Mensch müsse Chef sein, respektiert werden und entsprechend auftreten. Dann würden die Pferde auch das tun, was man von ihnen verlangt. Was ist denn aber mit all den Menschen, die nicht ständig die Brust rausdrücken, energisch auftreten und durch Wegscheuchen ihre Individualdistanz behaupten? Haben die alle schlecht erzogene Pferde? Auch hier können wir mit anderen Augen auf den Sachverhalt blicken: Immer wenn der Mensch mit dieser aufgerichteten Körperhaltung und stampfenden Schritten kommt, wird es danach ungemütlich für das Pferd, also weicht es lieber. Der aufmerksame Leser wird bei dieser Betrachtungsweise zu dem Schluss kommen, dass das Auftreten des Alpha-Menschen ein Signal für Weichen ist.

## Die Einführung eines Signals

Um ein Verhalten auf Signal setzen zu können, müssen wir es erst einmal haben. Viviane Thebys Regel »Erst wenn du einhundert Euro verwetten würdest, dass dein Pferd das Verhalten zeigt, führst du das Signal ein« ist hier die Richtschnur für den richtigen Zeitpunkt. Vor allem akustische Signale werden oft inflationär genutzt.

*Mein Rückwärtslaufen ist das Signal, nach der letzten Pylone zu wenden.*

Für unser Pferd hat ein »Komm, jetzt stell das letzte Bein rauf, na los, stell dich richtig hin.« keinerlei Bedeutung.

Das ist wie Blätterrauschen im Wind. Das bedeutet, dass wir in kleinen Trainingsschritten uns clickend und tendenziell eher schweigend dem Zielverhalten nähern.

Wenn wir uns vorher keine Gedanken darüber gemacht haben, wie unser Signal für dieses neue Verhalten aussehen soll, machen wir eine Pause und holen dies nach. Für den Agility-Parcours gelten bei manchen Verhalten andere Regeln als bei der normalen Arbeit. Unser Pferd muss die Signale auch in der Bewegung und ggf. über eine größere Distanz wahrneh-

men können, und es muss sie von beiden Seiten kennen lernen. Angenommen, wir trainieren den Aufgang auf die Wippe (s. S. 95), unser Pferd steigt ohne mit der Wimper zu zucken hinauf und wir sind sicher (s.o.), dass es dies auch im nächsten Durchgang tun wird, dann geben wir unser Signal *sehr deutlich kurz vor dem Moment*, in dem unser Pferd den ersten Huf auf die Wippe setzt. Immer und immer wieder. So kann unser Pferd das Verhalten mit dem Signal verknüpfen. »Immer wenn ... dann mache ich ... und bekomme C+B.« Erinnern wir uns, dass unser ganzer Körper »lauter« ist als ein einzelner Arm.
Möchten wir das Armsignal sauber haben, geben wir es sehr deutlich mit einer weiten Bewegung.

Erst dann darf sich unser Rumpf bewegen und wir machen einen Schritt weiter auf die Wippe zu.

Für den Faktor Signalkontrolle, also dass das Verhalten nur auf das Signal hin gezeigt wird und sonst nicht, gehen wir dann wie folgt vor: Nach ein paar zügigen Durchgängen mit Signal – Verhalten – C+B warten wir einen Moment mit unserem Signal. Aller Wahrscheinlichkeit nach wird unser Pferd wieder auf die Wippe steigen wollen. Das ignorieren wir. Daumendisziplin. Wir gehen kommentarlos vom Gerät weg, neu an die Wippe heran und bleiben stehen. Steht unser Pferd auch, bekommt es als Belohnung für sein Abwarten das Signal des nach vorn gestreckten Armes und natürlich C+B, wenn es mit allen Vieren auf der Wippe steht. Bei einem übermotivierten Pferd ist es hilfreich, wenn wir uns jetzt nicht direkt vor die Wippe stellen. Haben wir ca. einen Meter Abstand, fällt es ihm leichter, stehen zu bleiben und auf unser Signal zu warten. Haben wir das Signal eingeführt, gibt es keine Clicks mehr für Verhalten ohne!

Als ich auch einmal spüren wollte, wie die Muskeln auf der neuen Ganzkörperwippe arbeiten, habe ich Frieda davor hingestellt und mich auf ihren Rücken geschwungen. Ich war mir ganz sicher, dass sie auf die Wippe gehen wird, hatte sie doch schon ein paar Male darauf gewippt und für gut befunden. »Und rauf ...« Und nichts, mein Pferd rührte sich nicht von der Stelle. Das Signal zum Betreten eines Turngerätes ist für Frieda ein Mensch, der mit ihr davor steht und sich dann daneben stellt. Die Schenkelhilfe oder das Stimmsignal haben wenn überhaupt zehn Prozent der Belohnungsgeschichte – sie sind noch nicht genügend trainiert worden.

## Neues Signal vor altes Signal

Zeigt unser Pferd ein Verhalten zuverlässig auf ein bestimmtes Signal, das aber so im Agility-Parcours nicht praktikabel ist, wie in dem Beispiel von Frieda mit der Wippe ein Mensch, der rückwärts geht, dann müssen wir das neue Signal auftrainieren. Dieses geben wir deutlich sicht-, hör- oder fühlbar direkt vor dem alten Signal. Wir bestärken das richtige Verhalten mit C+B.

Das wiederholen wir einige Male und wenn acht von zehn Durchgängen erfolgreich waren, warten wir nach dem neuen Signal eine Sekunde, bis wir das alte Signal geben.

C+B wenn unser Pferd das Verhalten zeigt.

C+Spezialkeks: Wir wiederholen das Vorgehen zehn Mal, d.h. wenn es das schon *vor* dem alten Signal tut. Eine Sekunde nach dem neuen Signal geben wir das alte. Erst wenn unser Pferd mehrere Male innerhalb der Sekunde reagiert, lassen wir das alte weg.

# Erste Praxis

## Die Ausrüstung

Für unsere Pferde brauchen wir ein gut sitzendes Halfter und einen maximal zwei Meter langen und nicht zu dicken Führstrick. Im Kapitel »Freiarbeit« (s. S. 42) werden wir diesen relativ schnell überflüssig machen. Und Futter. Gutes Futter. Was für ein Pferd gutes Futter ist, muss man individuell herausfinden und auf die Bedürfnisse oder Besonderheiten wie Cushing, Rehe oder drohende Verfettung anpassen. Als Faustregel gilt: Je hoch kalorischer, desto beliebter. Es gibt aber einige Ausnahmen. Im heu- und strohtrockenen Winter können Äpfel wahre Trainingsbeschleuniger sein. Im Frühjahr trainiere ich gerne mit jungem Gras. Parvene Farhoody, bei der ich auch viel lernen durfte, nennt das ideale Belohnungsfutter »Oh-my-God-food«. Unser Pferd sollte denken: Oh mein Gott, das *muss* ich haben! Dann wird die Motivation zur Mitarbeit entsprechend höher ausfallen. Es macht eben einen Unterschied, ob man für 7,50 € die Stunde arbeiten geht oder für 75 €.

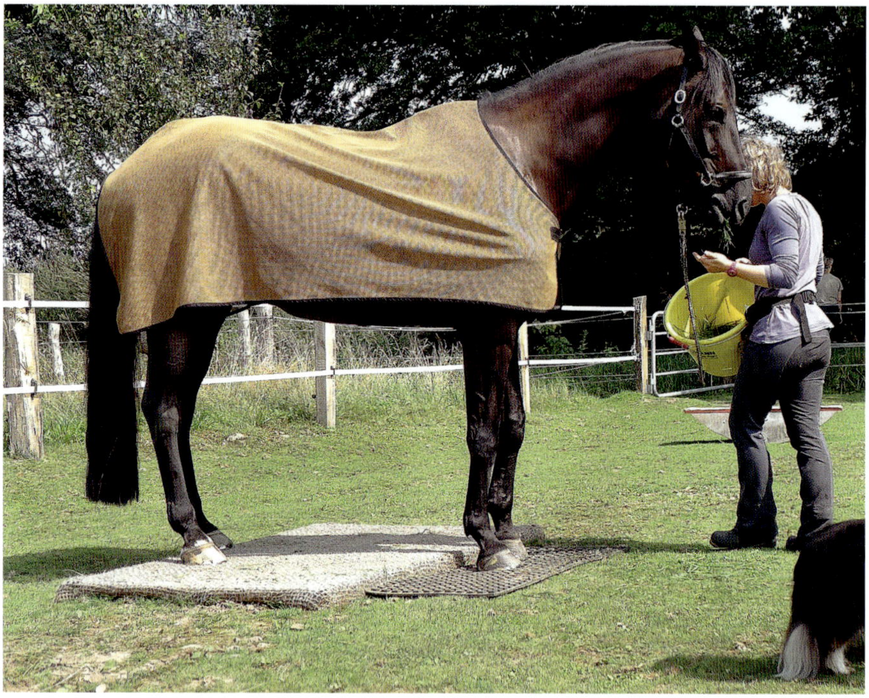

Highness mag lieber für Gras arbeiten.

Bei Pferden mit sehr wenig Körperbewusstsein kann es sinnvoll sein, sie beim Agility mit Gamaschen laufen zu lassen. Andererseits führt das kleinschrittige Vorgehen im Training dazu, dass sich die Koordination verbessert und unsere Pferde viel besser auf ihre Beine achten und was sie eigentlich damit tun. Damit verringert sich das Risiko von Verletzungen im Allgemeinen.

Wir Menschen brauchen Kleidung nach dem Zwiebelprinzip, weil das Training mal schweißtreibend und mal hoch konzentriert auf der Stelle ist. Sie sollte einigermaßen anliegen, weil flatternde Sachen unseren Bewegungsablauf stören und eventuell auch unser Pferd irritieren können. Feste Schuhe, in denen auch gut gelaufen und gesprungen werden kann, runden die Bekleidung ab.

Bei den Futtertaschen gilt: Sie müssen schnell zu öffnen und zu schließen sein, sonst machen wir im Galopp Hänsel und Gretel Konkurrenz und verteilen das Futter auf der ganzen Strecke. Je dichter die Tasche am Körper ist, desto weniger hoppelt sie, wenn wir über den Platz sausen. Ich arbeite ausschließlich mit Taschen mit mindestens drei Fächern – eines für den Clicker, eines für das normale Futter, eines für die Spezialkekse. Ich gehe lieber einmal öfter »nachladen«, als mit einem Pfund Müsli vor dem Bauch durch den Parcours zu rennen.

Der Clicker sollte eine gewisse Lautstärke haben, gerade die handfreundlichen Buttonclicker oder I-Clicker sind auf dem Platz und in höheren Tempi nicht so gut für unsere Pferde wahrzunehmen, wie die klassischen Kastenclicker. Ein Spiralarmband, an dem der Clicker befestigt ist, rundet die Ausrüstung ab. Wir müssen immer mal ein Gerät anfassen, um es zu verrücken. Es ist praktisch, den Clicker sofort wieder zur Hand zu haben.

## Der Platz

Eine Reithalle hat den großen Vorteil, dass wir mit weniger Ablenkung von außen trainieren können. Je sicherer die Trainingsumgebung, desto besser kann sich das Pferd auf uns und seine Aufgaben konzentrieren. Umso schneller und häufiger werden wir das richtige Verhalten bestärken können und haben dadurch mehr Spaß und Erfolg. Ein großer Nachteil ist aber die Tatsache, dass die Geräte immer wieder auf- und abgebaut werden müssen. Da mir eine Trainings-Halle fehlt, trainiere ich auf dem Reitplatz mit Sandboden, der mit den Jahren zum reinen Agility-Platz geworden ist.
Falls es im Sommer staubig werden sollte, befindet sich daneben ein Platz mit Naturboden. Natürlich werden die Sachen auch immer mal wieder hin- und hergeräumt, um einen neuen Parcours aufzustellen, aber es macht die Entscheidung »Heute machen wir Agility« bedeutend leichter, wenn wir direkt loslegen können. Ideal ist es also, sich einen Bereich abzuzäunen und dort zumindest wetterfeste Sachen liegen zu haben. Wir sollten diesen Bereich immer von den Pferden gut kurz halten lassen, da dies Rutschgefahr und Ablenkung beim Training reduziert. Bei nassem Wetter, wenn der Boden zu riskant für höhere Tempi ist, trainieren wir Gleichgewichts- und Koordinationsaufgaben, ist es trocken, kann der Schwung dazukommen. Damals, beim Hundesport, haben wir in einer fünfzehn mal fünfzehn Meter großen Halle im Winter trainiert – Signalkontrolle, Wendungen, Mühlen, Abrufübungen – es war immer interessant und eine Herausforderung. Im Sommer auf dem großen Platz kam allen die Winterarbeit zu Gute.

**Live-Coaching 1: Höflichkeit – Impulskontrollübung**

***Finleys erste Clickerlektion für solide Grundlagen.***

## Arbeit mit Futterlob

Die Grundlage aller Arbeit mit dem Clicker ist Höflichkeit. Bei aller Freude über die unglaublichen Lernfortschritte und Möglichkeiten sind wir manchmal geneigt, die Basis zu vernachlässigen. Wir müssen unserem Pferd beibringen, dass der bewegliche Futterautomat nur nach ganz bestimmten Regeln funktioniert. Eine davon lautet: Halte dein Maul und deine Nase in mindestens 30 cm Entfernung zu Mensch und Futtertasche! Solltest du den Futterautomaten berühren, dauert es länger, bis er wieder funktioniert.

Es ist nicht nur unglaublich nervig, von seinem Pferd immer wieder gefragt zu werden, ob es sich denn mal selbst bedienen könne – es ist schlicht und ergreifend gefährlich. Und damit meine ich nicht nur das Risiko, sich einen Schnapper oder gar Beißer heranzuziehen, sondern auch die Verletzungsgefahr für unser Pferd. Wenn es nämlich auf einer Wippe oder einem Balken steht und sich mit allen seinen Sinnen auf sein Gleichgewicht konzentrieren muss, dann kostet das Gieren nach Futter zu viel Speicherkapazität. Da Nase und Maul näher am Gehirn liegen, geht dieses unhöfliche Verhalten auf Kosten der Muskelkoordination. Übungen für ein genaues Zusammenspiel der *gesamten* Muskulatur sind wichtig. Wenn sich aber der Hals streckt, um das Maul näher an die Futtertasche zu bringen, fehlen einige Prozent – unser Pferd fällt regelrecht vom Turngerät.

Bei Pferden mit starker Bettel- und Wühlneigung arbeiten wir eine Zeit lang konsequent hinter einer Absperrung oder sogar am Anbinder. Dies kann auch bei der nachfolgenden Uhrenübung hilfreich sein. Unser Pferd muss sich sicher sein, wofür es Futter bekommt und wofür nicht.

***http://mein.mueller-rueschlikon.de/42167/01.mp4***

*Anfangs trainieren wir die Höflichkeit hinter einer Absperrung.*

Es gibt Kandidaten, die aufgrund des Matching Laws (s. S. 15) immer wieder den Fehler machen, uns auch in der Bewegung zu berühren. Hier ist es sinnvoll, am Rand des Platzes zu trainieren und nach einer Berührung sofort kommentarlos unter dem Zaun durch zu schlüpfen. Wir richten uns auf, atmen durch, lächeln unser Pferd an und gehen wieder auf unsere Trainingsposition zurück. Wir nutzen hier die negative Strafe – Angenehmes wegnehmen – um die Information »Futtertasche berühren ist tabu« zu übermitteln.

Den Aspekt der negativen Strafe sollten wir auch vor Augen haben, wenn wir eine Trainingseinheit beenden. Unser Pferd hat dann keine Möglichkeit mehr, sich Kekse zu verdienen. Passiert dies immer, wenn ein besonders schönes Verhalten gezeigt wurde, schwächen wir dieses dadurch. Meine Pferde neigen etwas zu barocken Formen, deswegen mag ich nicht zum Ende den Rest aus der Futtertasche ausschütten. Damit können wir sonst die Schärfe der Beendigung nehmen. Ich gehe nach einem erfolgreichen Durchgang auf die Wippe, bestärke auch dieses und dann erst ist Schluss. Eine Aufgabe, die bereits eine extrem hohe Belohnungsgeschichte hat, eignet sich gut zum Beenden der Trainingseinheit, da das Verhalten schon sehr gefestigt ist.

## Die Uhrenübung

Damit sich unser Pferd voll und ausschließlich auf seinen Körper und auf seine Aufgaben konzentrieren kann, habe ich die Uhrenübung entwickelt. Hiermit lernt unser Pferd, von der Futtertasche fern zu bleiben und ruhig stehen zu bleiben, egal wo wir uns gerade hinbewegen oder wie sehr wir selbst in der Futtertasche kramen. Sinn und Zweck hiervon ist das Etablieren eines höflichen Pferdes, was zudem auch noch ein »Steh-Bleib« kann und daraus abrufbar ist. Innerhalb von einer Viertelstunde können wir unserem Pferd ein »Uhrenverständnis« auf mindestens Kindergartenniveau beibringen.
Wir sollten die Uhr immer mit unserem Pferd trainieren, wenn es beim Clickern zu aufgeregt

*Verschiedene Positionen auf unserer Trainingsuhr.*

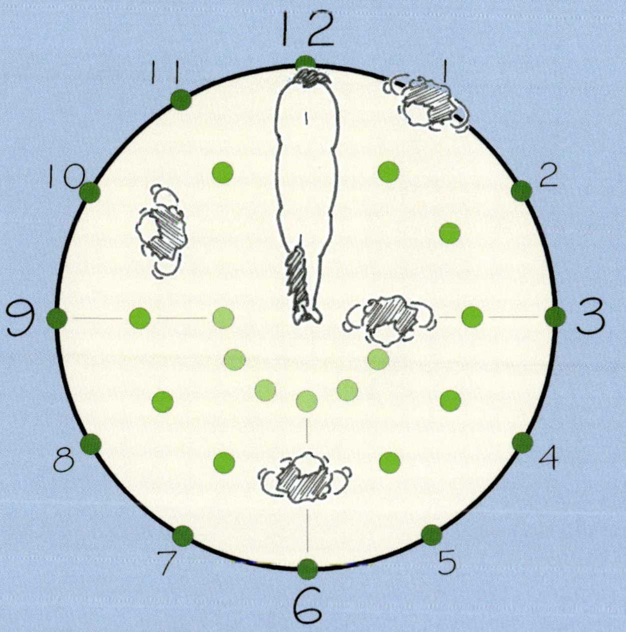


und zu fordernd ist. Denken wir immer daran: Tiere tun das, was sich lohnt. Es gibt unzählige Clicks für alle möglichen Verhalten. Wie oft bestärken wir unser Pferd dafür, dass es ruhig und höflich neben uns steht? Arbeiten wir mit negativer Verstärkung, bedeutet Herumstehen, dass gerade kein Druck kommen wird, und das Pferd empfindet die Pause als angenehm. Für ein Clickerpferd hingegen heißt Herumstehen, dass gerade keine lohnenden Übungen in Sicht sind, und es wird versuchen, durch die eine oder andere Aktion einen Click zu bekommen. Schließlich gab es für Aktionen ja immer Clicks. Bis zur Uhr. Das Gute hieran ist die Überschaubarkeit und Eindeutigkeit für Mensch und Pferd. Wir können bei eventuell auftretenden Fehlern genau definieren, wo es nicht geklappt hat und daran arbeiten. Unser Trainingsziel lässt sich schneller erreichen.

Wir markieren mit Kalk einen Kreis, dessen Durchmesser ca. zwei Pferdelängen beträgt und einem Kreuz in der Mitte. Zur besseren Orientierung kann noch ein kleinerer Innenkreis dazukommen. Wir stellen uns vor, der Schweif unseres Pferdes wäre auf 12 Uhr, der Kopf dort, wo die Zeiger einer Uhr fixiert sind. Wenn wir in der Standard-Führposition stehen, ist es drei Uhr. Es ist sehr sinnvoll, diese Übung zuerst ein paar Minuten mit einem menschlichen Trainingspartner zu machen, um Sicherheit ins eigene Handling, die Schritte und Geschwindigkeit zu bekommen. Je genauer wir wissen, was wir wann und wo machen und auch von der Geschicklichkeit her in der Lage sind, desto besser für unser Pferd. Für die »Übung Uhr« sollte unser Pferd auf Signal hin anhalten können. (s. S. 49)

*Es ist höchst lehrreich, sich gegenseitig mit dem Clicker zu trainieren.*

*Startposition drei Uhr*

**Schritt 1:**

Am lockeren Strick gehen wir über zwölf Uhr zur Mitte des Kreises, dorthin, wo bei einem Ziffernblatt beide Zeiger ihren Fixpunkt haben, bleiben stehen und clicken das Anhalten. Gefüttert wird bei der Uhrenübung weit weg vom eigenen Körper und der Futtertasche. Hierzu strecken wir den Ellenbogen durch, das ist eine schöne Hilfe für das eigene Körperschema. Dann gibt es fünfmal in rascher Folge C+B, wenn unser Pferd in »Neutral-Null« steht: Hals und Kopf sind gerade, alle vier Hufe stehen auf dem Boden, wobei das Entlasten eines Hinterbeines erlaubt ist. Das Ganze sollte so fix erfolgen, dass unser Pferd gar nicht erst auf die Idee kommt, sich zu bewegen oder nach der Futtertasche zu gieren. Warum sollte es auch? Wir Menschen leisten einen zuverlässigen Futter-Liefer-Service.

**Schritt 2:**

*Während* wir den fünften Click füttern, gehen wir einen Schritt weiter auf vier Uhr. Unsere Hand »parkt« unter dem Pferdemaul und unser restlicher Körper verändert seine Position.

Dann clicken wir sofort wieder und bestärken so, dass unser Pferd höflich stehen bleibt, auch wenn wir uns bewegt haben und jetzt woanders stehen. Wieder bekommt es schnell hintereinander fünfmal C+B für ruhiges Stehen.

### Schritt 3:

Nach diesem Muster gehen wir auf fünf und sechs Uhr. Hier wechseln wir blitzschnell Clicker- und Futterhand (ohne Pferd üben!), um sicherzustellen, unser Pferd auf größtmöglichem Abstand zum Körper zu füttern. Stehen wir nämlich rechts vom Pferd und füttern mit der rechten Hand, laden wir das Pferdemaul geradezu ein, uns zu nahe zu kommen.

### Schritt 4:

Fünfmal C+B auf sieben, acht und neun Uhr, wobei wir uns immer während des Fütterns eine Stunde weiterbewegen.

*Füttern mit gestrecktem Arm auf neun Uhr.*

Sollte unser Pferd während der Übung einen Huf vom Boden heben, sogar einen Schritt machen, uns oder die Futtertasche berühren, machen wir eine sogenannte Denkrunde. Wir nehmen den Strick, der vorher locker über dem Hals lag, und gehen kommentarlos eine kleine Volte, um unser Pferd wieder auf zwölf Uhr abzustellen. Ein C+B für das Anhalten, während des Fütterns wechseln wir auf die Position, in der wir uns befanden, als der Fehler passierte. Dort arbeiten wir weiter.

Wir sollten vor allem der Versuchung widerstehen, das falsche Verhalten korrigieren zu wollen. Natürlich können wir unser Pferd einen Schritt zurückschicken. Was passiert aber, wenn es danach ruhig steht und wir es clicken? Es hat in seiner Belohnungsgeschichte, der Zeit von Click zu Click, auch den Schritt und das Schicken abgespeichert. Die Motivation, nur das Richtige zu tun, wird dadurch geschwächt.

### Schritt 5:

Haben diese sieben Positionen auf der Uhr funktioniert, können wir ein Kriterium verändern: die Dauer. Die Schritte von 1 bis 4 bleiben gleich: Jede Stunde von drei bis neun bekommt fünfmal C+B, wir wechseln die Position während des Fütterns, zählen aber bei diesem Durchgang jedes Mal »einundzwanzig« bis zum nächsten Click.

Hier wird sich dann schon zeigen, ob genug »Masse« auf dem Verhalten des Ruhig-Stehens ist ober ob wir gegen eventuelle Erfolgsgeschichten von Taschenwühlerei antrainieren. Elementar wichtig ist die Denkrunde. Eine falsche Entscheidung, wie die, ein Bein zu bewegen oder die Tasche zu untersuchen, anstatt still zu stehen, muss etwas kosten. Wir müssen auch immer darauf achten, dass unser Pferd nicht in zu instabiler Schrittstellung in der Uhr steht. Die Wahrscheinlichkeit, dass es sich bewegt, ist dann deutlich höher. Stehen an sich ist aus verhaltensökonomischer Sicht ein recht billiges Verhalten. Damit unserem Pferd klar ist, dass es wirklich nur darum geht, in Neutral-Null zu stehen, darf auch nur ein sauberes Neutral-Null mit C+B bestärkt werden.

Unser Pferd hat sich auf diese Weise siebzig Clicks für ruhiges Stehen verdient, so dass wir im nächsten Durchgang den Faktor »Bewegung« hinzunehmen. Hierbei ist der Unterschied, dass unser Pferd nicht durch das Füttern abgelenkt ist, wenn gleich zwei attraktive Dinge sich von ihm wegbewegen: Mensch mit Hand und Futtertasche.

### Schritt 6:

Wir beginnen auf drei Uhr, zählen eine Sekunde, C+B für ruhiges Stehen, wiederholen das Ganze viermal und gehen nach dem Füttern des letzten Clicks auf drei Uhr eine Stunde weiter zu vier Uhr. Hier clicken und füttern wir sofort, wenn Kopf und Beine unseres Pferdes stillgehalten haben, wiederholen C+B viermal mit einer Sekunde Pause, gehen nach dem Click auf fünf Uhr usw. bis neun Uhr.

Jetzt kann unser Pferd an diesem Ort und unter den dort herrschenden Bedingungen eine Sekunde lang höflich stehen, wenn wir uns einen Schritt in Armlängen-Radius bewegen. Das scheint noch nicht viel, aber genau dieses Verhalten ist zuverlässig bestärkt worden. Deswegen sollten wir in dem Stadium auch nicht mehr verlangen. Sollte gerade das Telefon klingeln oder wir uns aus anderen Gründen nicht auf unser Pferd konzentrieren können, verlassen wir den markierten Bereich und fassen unser Pferd seitlich am Halfter. Wir können es mit gestrecktem Arm festhalten und in Ruhe sprechen. So stellen wir sicher, dass es nicht mit Nase und

*Der Griff ans Halfter erfolgt, wenn wir gerade nicht mit unserer Aufmerksamkeit beim Pferd sind.*

*Konzentration beim Sekundenzählen*

Maul an uns herankann, wenn wir seine Geduld bzw. genauer gesagt seinen Wissensstand überfordern. Wenn unser Pferd an uns herumschnabbelt, dann *weiß* es nicht, dass es das nicht soll. Wenn es das genau wüsste, würden wir dieses Verhalten nicht haben.

### Schritt 7:

Wie Schritt 6, nur dass wir zwei Sekunden zwischen den Clicks warten.

### Schritt 8:

Wie Schritt 6, mit drei Sekunden Wartezeit.
Da es den meisten Trainern jetzt langweilig zu werden droht, kommt ein anderes Uhr-Kriterium hinzu: Das Wühlen. Pferde sind extrem hilfsbereit, wenn es darum geht, uns beim Futter-aus-der-Tasche-Holen zu helfen. »Gekruschtel« in Leckerli-Taschen ist unter anderem für sie die Aufforderung dazu. Das ändern wir jetzt.

### Schritt 9:

Es geht wie immer auf drei Uhr los mit C+B für das Anhalten. Anstatt wie bei Schritt 8 drei Sekunden zählen wir jetzt nur »einundzwanzig«, während wir in unserer Tasche die Kekse hin- und herbewegen. Futter-wühlend geht es weiter im Basis-Uhrenschema mit je fünf Wiederholungen pro Stunde.

Hier ist sechs Uhr für die allermeisten Pferde die größte Herausforderung. Es kann sein, dass wir bei zu hoher Fehlerquote, also zwei Denkrunden und mehr bei fünf Versuchen in derselben Position, die Dauer heruntersetzen müssen, um unser Pferd nicht zu überfordern.

### Schritt 10:

Den ersten C+B bekommt unser Pferd wie immer, dann machen wir einen Schritt zur Seite, clicken und füttern von dort aus.

*Drei Uhr in drei Schritt Entfernung.*

»Die Schrittlänge sollte ein Füttern in schön mittiger Neutral-Null-Stellung ermöglichen.« In diesem Abstand trainieren wir im Basis-Uhrschema zwei Sekunden. Dabei hilft uns der kleinere Innenkreis, unsere Spur zu halten.

Hier können wir dann in weiteren, einzelnen Trainingsschritten die Dauer bis zum nächsten Click, unseren Abstand zum Pferd und die Versuchung durch Taschenwühlen steigern. Erst wenn ein Verhalten sicher ist, fangen wir an, Ablenkung mit einzubauen. Dies kann eine Stallkollegin sein, die erst langsam in fünf Metern Entfernung um die ganze Uhr herumgeht. Dann steigern wir die Ablenkung in ebenso kleinen, gut zu verarbeitenden Häppchen wie das Training eines Verhaltens: Sie zieht ihre Kreise immer enger, läuft, hüpft, klatscht und winkt. Unser Pferd steht. Dann trainieren wir die Uhr an verschiedenen Orten, damit unser Pferd das Verhalten auch auf andere Plätze und Kontexte generalisieren kann.

*Drei Uhr woanders kann eine Herausforderung sein.*

*Kannst du auch stehen bleiben, wenn ich dir den Rücken zuwende und Hunde die Müslireste aufsammeln?*

## Steh-Bleib

Wenn wir einhundert Euro darauf verwetten, dass unser Pferd stehen bleibt, können wir das Signal dafür einführen (s. S. 37). Ich nehme gerne als Sichtzeichen den gestreckten Arm mit der Handfläche zum Pferd. Und weil die akustischen Signale von uns Menschen ja so gerne benutzt werden, sollten wir unser »Bleib!« zuerst ausgesprochen haben und dann erst den eigenen Körper bewegen. So hat unser Pferd die Chance, das Wortsignal auch mit dem Verhalten des Stehenbleibens zu verknüpfen.

Jetzt trainieren wir weiter die gewünschten Positionen und Dauer mit der Uhr und geben jedes Mal, wenn wir uns von unserem Pferd entfernen, das »Bleib«-Signal.

## Bewegte Uhr

Kann unser Pferd nun die Uhr, kommt Bewegung mit ins Spiel. Beim Agility ist es äußerst hilfreich, wenn wir unser Pferd auch beim Laufen füttern können. Keine Sorge, wenn wir im Training so weit sind, dass unser Pferd durch den Parcours galoppiert, ist das nicht mehr nötig. Beim Grasen bewegen Pferde sich auch, und wer einmal auf einem verfressenen Pony direkt an einem Getreidefeld vorbeigeritten ist, weiß, dass Fressen sogar im Trab geht. Schnappkrokodil-Pferde werden sehr tief unten gefüttert. Wenn wir mit gebeugten Knien weiterlaufen, während wir unser Pferd schön mittig auf Höhe seiner Karpalgelenke füttern, haben wir für unseren Bewegungsapparat auch gleich Gutes getan und reduzieren damit meist dieses unangenehme Verhalten.

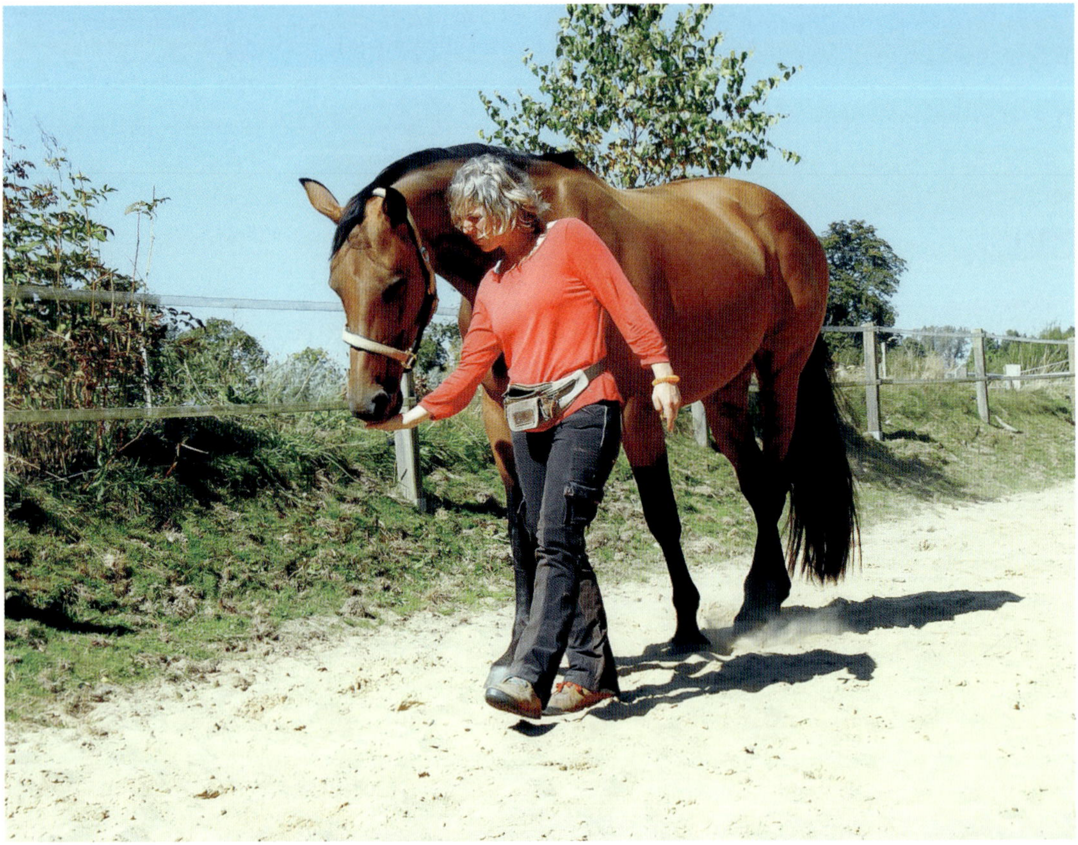

*Luca frisst entspannt im Gehen.*

Es kann sein, dass unser Pferd angefangen hat, zu schnappen, weil wir uns vor dem Click bewegen. Manchmal ist es die Schulter, eine Neigung des Oberkörpers oder sogar, dass die Hand mit dem Futter aus der Tasche kommt. Wenn wir erst nach unserer unbewussten Bewegung clicken, hat dies weniger Bedeutung in der Wahrnehmung unseres Fluchttieres Pferd (s. S. 19). Also kündigt die Bewegung den primären Verstärker, das Futter, an und unser Pferd möchte es sich schnell abholen.

Wir gehen mit unserem Pferd los, clicken die ersten Schritte, strecken den Arm mit dem Futter aus, lassen das Pferd das Futter nehmen und gehen die ganze Zeit langsam weiter. Weiter wie oben bei der Standuhr beschrieben. Im Schritt lassen sich ebenso alle Uhrzeiten gut trainieren. Elementar wichtig für das Laufen sind drei und neun Uhr, für das Auftrainieren vieler Turngeräte brauchen wir sechs Uhr. Dies ist für unser Pferd die allerschwerste Position, weil es die Futtertasche direkt vor der Nase hat und es nur eine klitzekleine Anspannung der Halsmuskeln braucht, um eine kurze Anfrage nach Gratis-Futter zu stellen. Trainieren wir also unser langsames Rückwärtsgehen, während unser Pferd in höflichem Abstand folgt. Und immer schön weit weg von der Tasche füttern!

Drei oder neun Uhr in Bewegung ist eine der Möglichkeiten, die wir nutzen können, um unser Pferd ohne Strick »bei Fuß« mit uns zu führen.

## Targets

Das Wort »Target« kommt aus dem Englischen und heißt »Ziel«. Targeting (Arbeit mit Zielobjekten) ist neben Shaping (Formen), Capturing (Einfangen) und Luring (Locken) eine der Techniken im Training mit positiver Verstärkung.

Ein Target im Pferdetraining kann unterschiedliche Bedeutungen haben. Zum einen gibt es die Körpertargets (siehe »Clickerfitte Pferde«), bei denen unser Pferd mit einem definierten Körperteil auf ein Signal hin meine Hand berührt. Der Schultertarget sieht z.B. so aus, dass ich mein Pferd ca. 20 cm oberhalb des Ellenbogens auf die Schulter tippe, meine Hand in 30 cm Entfernung mit dem Handteller zu ihm halte und es ein oder zwei Seitwärtsschritte macht, um seine Schulter an meine Hand zu drücken. Mit diesen können wir im Parcours als gute Abwechslung zwischen schnellen Abschnitten arbeiten.

Der Targetstab (siehe »Clickerfitte Pferde«) kann eine Fliegenklatsche sein, möchte man aber sein Pferd auch über gewisse Strecken mit sich führen können, ist eine Länge von 60 bis 80 cm sinnvoller. Er muss auf jeden Fall leicht sein. Und so können wir dann, fast wie in dem Bild von dem Esel und der Möhre, unser Pferd mit uns führen. Er leistet uns bei anfänglichen Führübungen oder in für unser Pferd eher gruseligen Zonen gute Dienste.

**Targets: Körpertarget – Targetstab – Bodentarget – Speedtarget**

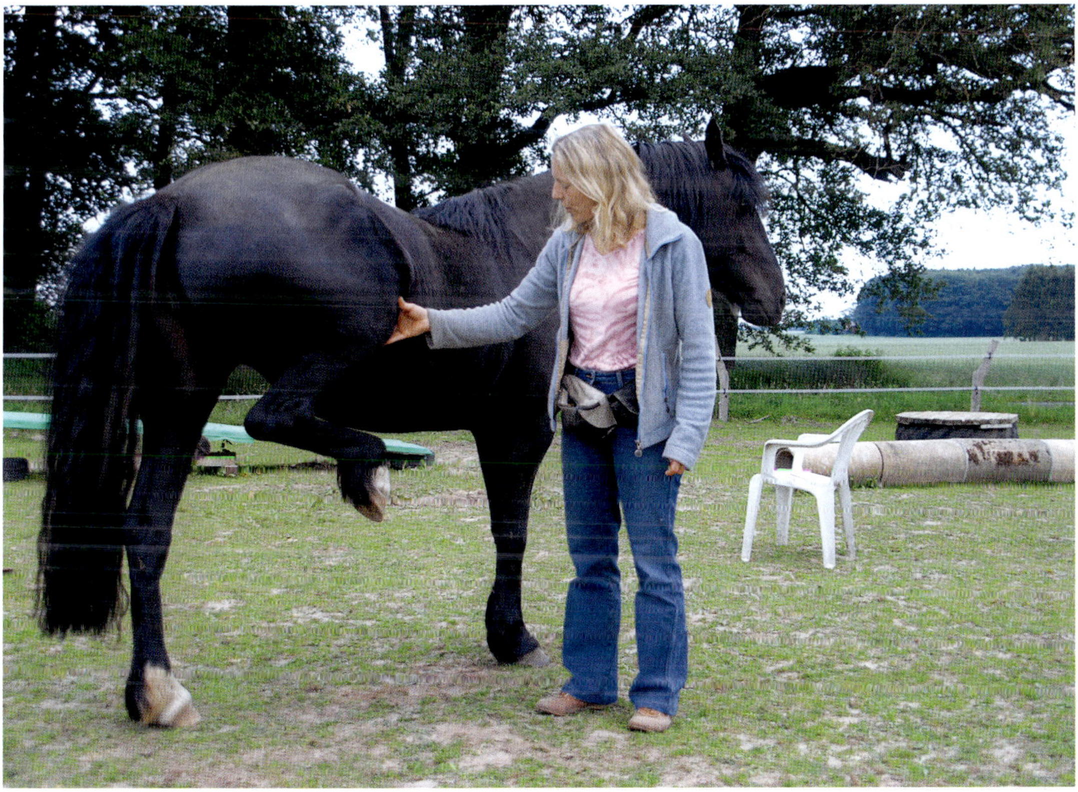

*Der Knietarget ist eine schöne gymnastische Übung für zwischendurch.*

*Skeptischer Erstkontakt mit der Matte.*

Von größerer Bedeutung sind im Agility Targets, zu denen unser Pferd hinlaufen soll. Habe ich nämlich ein hoch bestärktes Objekt, kann ich mein Pferd auch in Bewegung setzen und »schicken«. Ich schreibe dies hier in Anführungszeichen, weil man Pferde auch über Bedrohung und negative Verstärkung wegschicken kann.
Der Bodentarget kann eine Matte aus Stoff oder Gummi sein. Ich bevorzuge Gummi, weil sich Schmutz von diesem Material leichter abschütteln lässt. Das Stellen der Vorderhufe auf die Matte wird häufig und hoch bestärkt, ebenso wie das Daraufverweilen. Dabei kann man auch gut die Lieblingsstelle an Hals oder Hinterhand durchkraulen, um diesen Ort als so erstrebenswert wie möglich zu etablieren.
Viele Pferde neigen zum Scharren, weil es selbstbelohnend ist. Es kann im ungünstigsten Fall sogar sein, dass wir aus Versehen das Scharren clicken, weil es so aussieht, als würde unser Pferd einen Schritt auf die Matte machen.

*Anna-Lena reagiert genau richtig und geht weg.*

*Gymnastikbälle sind später im Parcours gut sichtbar.*

Bitte dann auf gar keinen Fall füttern!
Es ist schlimmer für ein Tier, ein falsch beigebrachtes Verhalten abgewöhnt zu bekommen, als einmal kein Futter nach einem Click zu erhalten.
Jeder Click für ein Verhalten erhöht statistisch nachweisbar die Wahrscheinlichkeit, dass dieses Verhalten wieder auftritt. Also drehen wir uns bei dem geringsten Anzeichen von Scharren sofort weg, machen ein paar Schritte, zählen, ab dem Moment, in dem unser Pferd aufgehört hat zu scharren, bis drei und beginnen die Aufgabe von vorn. Sollte es wiederholt vorkommen, dass unser Pferd scharrt, müssen wir genau die Sekunden zählen, bis die ersten Anzeichen kommen und im nächsten Durchgang eine Sekunde davor das ruhige Stehenbleiben mit C+B bestärken.

Tritt unser Pferd freudig auf die Matte, können wir das Signal »Matte« einführen, welches immer in dem Moment gegeben wird, in dem wir uns 100 prozentig sicher sind, dass es drauf tritt. Dann wird der Abstand schrittweise erhöht, den es gehen muss, um auf der Matte C+B zu bekommen. Wichtig ist nämlich, dass unser Pferd sich immer mehr von uns – und der tollen Kekstasche – entfernt. Den Ausgleich schaffen wir durch ein Mehr an Bestärkung. Fünf Meter ganz alleine zum Hindernis oder Target zu laufen gibt mehr Futter als nur einen Schritt darauf zu machen. Im Trab gilt dies ebenso: Wir können dann immer seitlicher laufen und unser Pferd »zieht« auf das entsprechende Signal hinauf auf die Matte.

Wir nutzen gerne einen Gymnastikball als Target, der auch hinter einem Slalom oder einer Hürde gut sichtbar ist. Für Fortgeschrittene gibt es auch noch den Speed-Target, bei dem vor dem Einsatz im Parcours das hohe Tempo des Erreichens Trainingsziel ist. Es gibt hierbei nur noch für flottes Hinlaufen Clicks.

**WICHTIG!** Scharren auf oder vor Geräten oder im Stand sollte mit einer kurzen »Spielpause« belegt werden.

# Freiarbeit

## Ohne alles

Freiarbeit ist das, was Viviane im Vorwort so schön mit »Kindheitsträumen« beschrieben hat. Ich habe diese große Freude inzwischen seit ein paar Jahren, aber es erfüllt mich immer wieder mit tiefer Dankbarkeit. Amadeus z. B. bleibt selbst auf unbekannten Plätzen bei mir wie ein Hund.

Wenn wir einen sicher eingezäunten Platz haben, ist Freiarbeit am Schönsten: Wir haben zum einen keinen Strick in der Hand und können so freier unsere Körpersignale geben. Zum anderen ist das Handling von Clicker und Futter oder sogar Target bedeutend einfacher. Ein weiterer Vorteil, der mir besonders am Herzen liegt, ist der, dass unser Pferd weggehen kann. Wieso soll das ein Vorteil sein, mag jetzt manch ein Leser erstaunt denken. Weil ich so ein direktes Feedback für mein Training bekomme. Geht mein Pferd einfach am Rand grasen, läuft es sogar zum Ausgang oder lässt es mich allein lostraben, weiß ich, dass mit meinem Training etwas nicht stimmt. Die Motivation, mit mir etwas zu machen, ist dann zu gering. Bob Bailey sagt: »We have to convince the animal to play our silly games.«

Nina

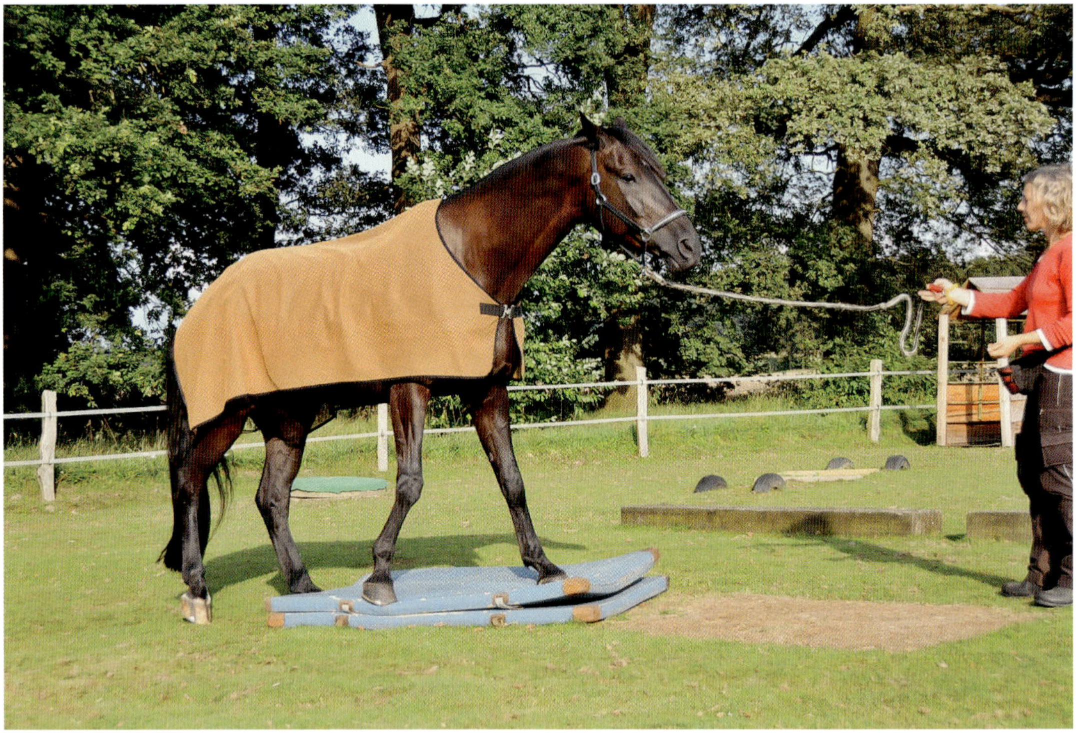

*Wenn wir aus welchen Gründen auch immer mit Strick arbeiten, müssen wir unser Pferd weglassen, wenn es Stress hat!*

Wir müssen also Pferde davon überzeugen, unsere verrückten Spiele mitzumachen. Für ein Steppentier ist es schon ziemlich verrückt, über eine Stange zu springen, anstatt um sie herumzugehen. In unserem Laufpark mit einem Hektar Paddock und mehreren Laufgängen liegen an verschiedenen Stellen Baumstämme. Es kann sein, dass bei Gruppenrennen einmal eines der acht Pferde hinüberspringt, aber im Modus »ich wandere von A nach B« geht niemand freiwillig hinüber.

Wie bekomme ich denn nun ein Pferd, was gern ohne Strick mit mir mitläuft, auch im Trab direkt bei mir bleibt, über Hindernisse springt und sich auf Signal von mir wegbewegt, um zu mir zurückzukommen? Es muss sich lohnen. Wenn es sich für unsere Pferde lohnt, wie ein Hund bei Fuß zu bleiben, dann werden sie es auch tun.

## Gassentraining

Auch hier gibt es diverse Möglichkeiten, schnell das gewünschte Resultat zu bekommen. Ich empfehle einen Trainingsaufbau mit Hilfsmitteln, da dies das Fehlerrisiko deutlich reduziert. Der für Pferd und Mensch am einfachsten und sichersten zu trainierende Weg ist vom Aufbau her etwas aufwändiger, lohnt die Mühe aber allemal. Das Lernen ist für Pferde angenehmer, wenn sie genau wissen, wofür sie gerade arbeiten und was erwünscht und was nicht so erwünscht ist. Vielleicht ist das ja auch eine nette Gemeinschaftsaktion mit Stallkollegen? Wenn einem weniger Möglichkeiten zur Verfügung stehen, dann macht man das Beste daraus. Wichtig ist, dass die Bestärkungsrate hoch genug ist und das Pferd dabei höflich bleibt.

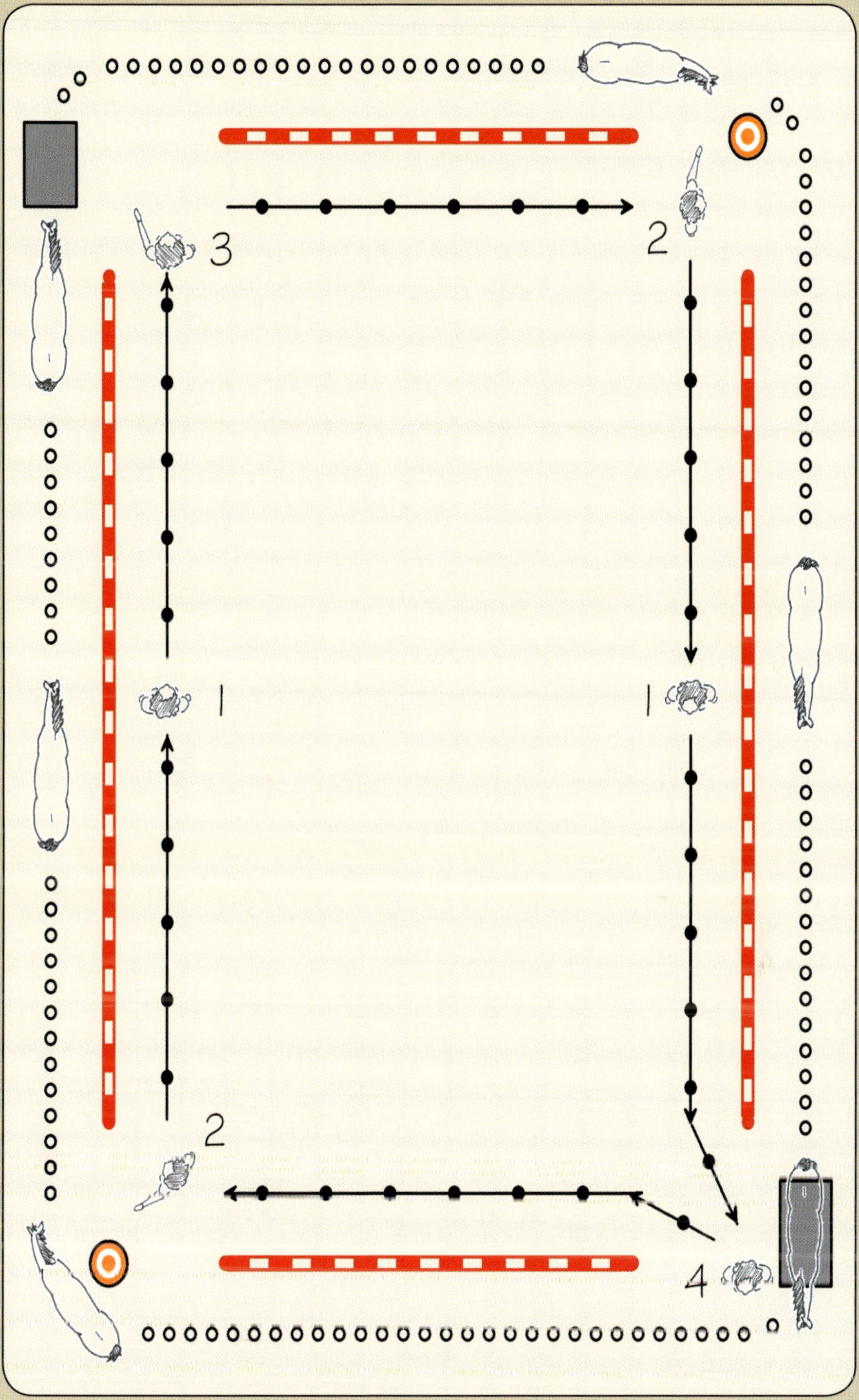


*Ein geeigneter Aufbau, um mit der Freiarbeit zu beginnen.*

Idealerweise kennt unser Pferd schon ein Gerät wie z.B. eine Matte oder eine Wippe und hat dort bereits viele Clicks bekommen. Wir stecken eine Gasse von zwei bis drei Metern Breite und zehn Metern Länge an der Bande ab. Dies ist mit Plastik-Zaunpfählen und dicker Litze oder Flatterband am einfachsten, wobei es sein kann, dass das eine oder andere Pferd zu viel Sorge hat, es könne auch Strom darauf sein. Ich nehme gerne Plastikketten, weil da das Verletzungsrisiko noch geringer ist und rotweiß meist nicht so unangenehm verknüpft ist. Aber da wird man sein Pferd selbst am besten einschätzen können. Wichtig ist nur, dass unsere Gassenabtrennung so hoch ist, dass unser Pferd nicht hinübersteigen kann. Gleichzeitig muss sie so niedrig sein, dass wir schnell und bequem mit unserem Arm hinüber reichen können, um unser Pferd auf der Seite, wo es gerade ist, zu füttern.

Bei einer Gasse hat unser Pferd weniger Handlungsalternativen zum Mitlaufen, wir geben also dadurch schon die Richtung vor, ohne auf Leitseil, Körpersprache oder andere Hilfen angewiesen zu sein, die unser Pferd gegebenenfalls noch gar nicht richtig befolgen kann oder bislang schlampig ausführt. Hinzu kommt, dass es gar nicht anders kann, als genügend Abstand zu uns und der Futtertasche zu halten.

Gut zwei Meter hinter den Ausgang der Gasse legen wir eine Matte als Bodentarget. Haben wir noch genug Material, beginnt dahinter eine zweite, dritte oder sogar vierte Gasse, hinter deren Ausgang jeweils ein Reifen, eine Pylone oder ein Ständer steht. Vier Gassen sind der optimale Aufbau. Ich beschreibe die Trainingsschritte, als hätten wir diesen Aufbau. Bei weniger Gassen macht man die Durchgänge dementsprechend häufiger. Es ist wichtig, dass wir z.B. bei nur einer Gasse keinen Halbkreis mit unserem Pferd gehen, um neu in die Gasse zu kommen. Bei solch einem Vorgehen hat unser Pferd zu viele Möglichkeiten, Fehler zu machen. Wir wenden also und gehen zurück in die Gasse, auch wenn hierbei die andere Körperseite trainiert wird, sollten wir an der Bande aufgebaut haben. Steht die Gasse frei, bleiben wir selbstverständlich auf der Seite unseres Pferdes, auf der wir begonnen haben.

**Schritt 1:**

Der allererste Durchgang erfolgt am durchhängenden Strick gemeinsam durch die erste Gasse. Da dies nur der Gewöhnung dient, können wir einfach vorgehen, so dass die Futtertasche unerreichbar ist.

**Schritt 2:**

Am Ende der Gasse gibt es drei- bis viermal C+B für den Bodentarget.

**Schritt 3:**

Wir gehen zwei bis drei Schritte weiter bis zur nächsten Gasse und laufen so, dass jetzt unser Pferd auf der einen und wir selbst auf der anderen Seite der Abtrennung laufen. Es gibt C+B, sobald die Pferdeschulter den Gasseneingang passiert hat. Wir füttern über die Absperrung hinweg. Unser Pferd bleibt mit dem Kopf auf seiner Seite. C+B mit durchgestrecktem Ellenbogen für jeden zweiten bis dritten höflichen (!) Schritt, den unser Pferd neben uns macht. Weiter mit Clicks für höfliches Mitgehen.

**Schritt 4:**

Am Ende der Gasse gehen wir so, dass unser Pferd auf der einen und wir selbst auf der anderen Seite der Pylone/des Reifen/des Hindernisständers sind. C+B, wenn die Pferdschulter die Pylone passiert hat.

*Der Arm weist in die Gasse.*

Nach diesem Muster gehen wir einmal komplett herum. Die Gassen sind also hoch bestärkt worden und die an den Enden liegenden Geräte auch. Unser Pferd hat gelernt, in einem gewissen Abstand neben uns mitzulaufen. Wir achten hierbei schon darauf, die Clicks dann einzusetzen, wenn der Pferdekopf auf der richtigen Höhe ist. Haben wir ein eiliges oder ein langsames Pferd und bestärken es zu oft dafür, dass es vor oder hinter uns läuft, dann ist es aufwändiger, ihm die gewünschte Position beim Mitlaufen beizubringen.

**Schritt 5:**
Wir gehen so los, dass die Abtrennung der Gasse zwischen uns ist, C+B für den ersten Schritt alleine in der Gasse, noch einmal nach 2–3 Schritten, dann machen wir nach dem Füttern den Strick ab, gehen direkt weiter und genauso vor, wie in der ersten Runde.
Woran merke ich, ob ich zum nächsten Trainingsschritt übergehen kann? Daran, dass von zehn Versuchen acht funktioniert haben. Es gilt dann, die Clickrate zu reduzieren: Läuft unser Pferd aufmerksam mit uns mit, wird es nach kurzer Zeit wissen, dass es bei seinem Menschen die Chance gibt, sich etwas zu verdienen.

**Schritt 6:**
Wir machen die Schritte 1 bis 5 auf der anderen Hand.

**Schritt 7:**
Wir reduzieren die Höhe der Abtrennung auf die Hälfte und gehen auf beiden Händen jeweils fünfmal unsere vier Gassenwege. Eine ganze Runde mit vier Gassen sollte für insgesamt zehn Clicks gut machbar sein.

**Schritt 8 und 9:**
Wir legen die Absperrung auf den Boden bzw. entfernen die Pfähle und gehen je fünf Runden. Der Click kommt immer an unterschiedlichen Punkten.

**Schritt 10:**
Es liegen nur noch unsere vier Aufgaben in den Ecken und wir machen auf beiden Händen die Runde.
Sobald wir und unser Pferd sicherer in den Gassen sind, nutzen wir die Gelegenheit, um unsere Armsignale zu trainieren. Dies ist unabhängig vom Trainingsschritt, in dem wir uns befinden. »Arm vor« signalisiert unserem Pferd, sich auf ein gerade vor ihm befindliches Objekt zu begeben. »Arm zur Seite« bedeutet, dass es ein Objekt zwischen sich und uns bringt, also zum Beispiel eine Pylone. Wir können es mit wachsender Übung aber auch nutzen, um im Lauf mehr Abstand zu uns abzufragen.

Jetzt können wir uns mit unserem Pferd frei auf dem Platz bewegen.

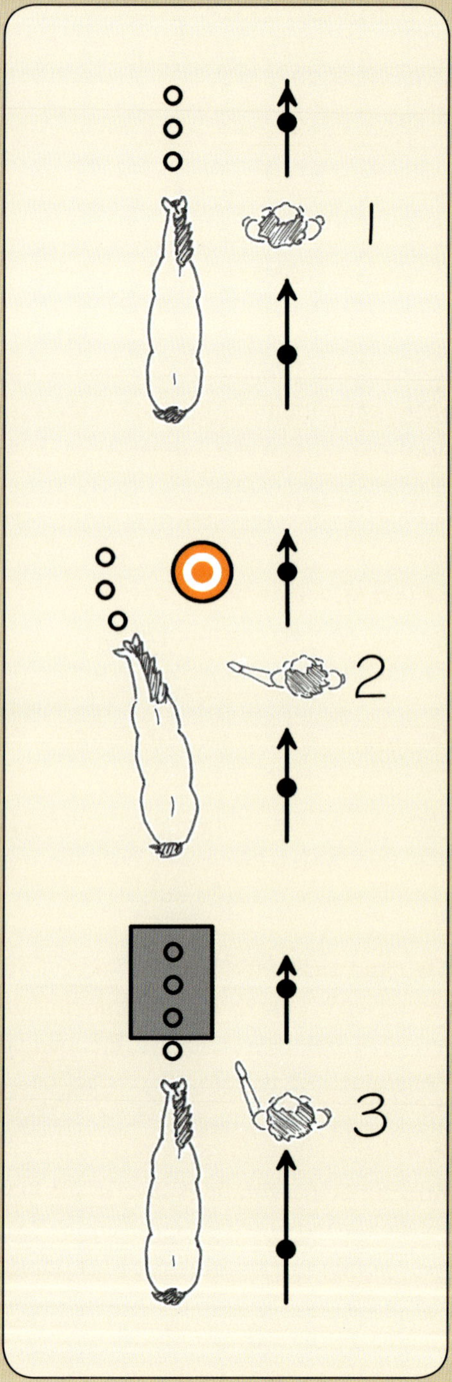

*Eines der schönen Trainingsziele bei der Freiarbeit.*

**Vorteile des Gassentrainings:**
- Pferd kann richtiges Verhalten zeigen
- Pferd hat deutlich den Weg vor Augen
- Viele Clicks für höfliches Nebenher-Gehen – leicht abbaubar

Wir können auch den Targetstab nehmen, um unser Pferd bei uns zu behalten. Hierfür macht man sich die vielen Clicks zunutze, die im Stand bei der Konditionierung und beim Hals-beweglich-Machen schon gegeben wurden. Die Herausforderung ist im Training dann manchmal unsere eigene Motorik, wenn wir auch noch damit laufen müssen. Um wirklich Strecke zu machen, ist er aus praktischen Gründen ungeeignet.

## Mitkommen und Anhalten

Der Großteil unserer Pferde kommt am Strick mit uns mit und hält auch an. Das kann aber im Detail ganz unterschiedlich aussehen, und von unserem Agility-Partner wünschen wir uns, dass er ganz ohne Hilfsmittel wie Gerte oder Führseil prompt mit uns mitkommt und sich auf die gewünschte Position begibt. Das Stehenbleiben soll genauso prompt erfolgen, wenn wir stehen bleiben. Hier haben wir zwei Verhalten, bei denen die Geschwindigkeit der Ausführung entscheidend ist. Wir möchten, dass unser Pferd sich aus dem Stand auf das Signal »mein Mensch geht los« sofort in Bewegung setzt. Wir können dieses »laute« Sichtzeichen (s. S. 16ff) selbstverständlich auch mit einer Armbewegung und/ oder einem Stimmsignal kombinieren. Hierbei achten wir zudem auf unser Verhalten: Wenden wir uns zum Pferd, was sagen wir, welche Gesten benutzen wir? Die Kamera liefert oft andere Ergebnisse als unser Körpergefühl, weil viele Handlungen unbewusst ablaufen.

Um einmal zu sehen, wie der Stand der Ausbildung ist, machen wir einen Test. Dies bedeutet, dass wir das Verhalten mit dem entsprechenden Signal abfragen, mit dem wir sonst unser Pferd zum Mitkommen auffordern. Wir zählen bei fünf Versuchen unsere eigenen Schritte, bis unser Pferd sich in Gang setzt und bekommen so die durchschnittliche Reaktionszeit. Wenn wir vorher effektiv die Gassen zur Freiarbeit trainiert haben, sollte diese Übung ein Leichtes sein.

Es kann unter Umständen sinnvoll sein, das Mitkommen hinter einer Reihe mit auf dem Boden liegenden Stangen zu trainieren, wenn unser Pferd dazu neigt, sich in alter Schulpferde-Manier immer hinter, anstatt neben uns einzufinden.

*Durch gut etabliertes Mitkommen ist unser Pferd immer präsent.*

Ich beschreibe hier den Trainingsweg von Anfang an, je nach Ausbildungsstand des jeweiligen Pferdes kann man dann einsetzen.
Wir stehen innen in Führposition, unser Pferd steht auf dem Hufschlag. Das ist ein Ort, von dem die meisten Pferde wissen, dass man sich da als Pferd bewegen soll. Wir gehen los und clicken, sobald der erste Huf unseres Pferdes vom Boden abhebt. Das Füttern erfolgt mit ausgestrecktem Arm neben uns. Damit sind wir dann sofort wieder in der Ausgangsstellung.

Das Ganze wiederholen wir fünf Mal, wobei wir genau darauf achten, wie viel Zeit verstreicht, bis wir clicken können. Wir können dann den Ist-Zustand definieren und sehen, was noch nötig ist, um das Ziel »Ich gehe los und mein Pferd kommt sofort mit.« zu erreichen. Angenommen, unser Pferd geht erst los, wenn wir im Schnitt schon zwei Schritte gegangen sind, dann gilt es, im nächsten Durchgang alles *über* zwei Schritte nicht mehr zu bestärken. Von diesen fünf Runden schauen wir uns wieder den Schnitt an, entscheiden, um wie viel wir unser Kriterium »Schritte, die verstreichen dürfen, bis ich clicke« verändern. So ziehen wir die Trainingsschraube gut verständlich für unser Pferd an. Es ist an uns, dafür zu sorgen, dass unser Pferd Erfolg hat.

Gerade wenn wir anhalten, neigen viele Pferde in der Freiarbeit dazu, noch einmal ganz unverbindlich zwei bis drei Schritte weiter zu machen und sich sogar manchmal leicht schräg vor uns zu positionieren. Dann sind sie nämlich näher an der Futtertasche. »Anhalten« ist ein dehnbarer Begriff, hier hilft uns wieder eine vernünftige Definition des Zielverhaltens. Möchten wir, dass unser Pferd auf das entsprechende Signal hin sofort alle vier Hufe in den Boden rammt? Soll es in der Bewegung einfrieren oder möchten wir, dass es sich geschlossen hinstellt und eine entspannte Kopf-Hals-Haltung einnimmt? Oder sagen wir: Hauptsache, es bleibt irgendwann in irgendeinem Radius von mir entfernt stehen? Ich habe dieses letzte Beispiel bewusst so gewählt, damit uns klar wird, dass nur mit unserer eigenen genauen Vorstellung ein Training möglich ist, bei dem unser Pferd weiß, was wir wirklich von ihm wollen. Pferde möchten mit uns arbeiten, sie möchten sich ihre Kekse verdienen, und wenn sie nicht genau das tun, was wir wollen, liegt es immer wieder nur daran, dass wir es ihnen noch nicht vernünftig erklärt haben.

Wir trainieren erst die eine Seite bis zur erfolgreichen Signaleinführung, dann die andere.
Wir gehen *wenige* Schritte auf Kopfhöhe, unser Pferd zwischen uns und der Bande. Dann drehen wir uns etwas zum Pferd und verschließen mit der inneren Schulter und ggf. dem Arm den Weg nach vorne. Wenn es anhält, bekommt es C+B. Anhalten heißt bei diesem Trainingsschritt, dass der letzte Huf zum Stillstand gekommen ist. Wir gehen hierbei genauso vor wie beim Antreten und ermitteln, was in den fünf Durchgängen möglich ist. Dann definieren wir, was im nächsten Schritt bestärkt wird und was nicht mehr.

So arbeiten wir, bis unser Pferd nach ein paar Schritten wirklich prompt anhält, wenn wir uns ihm zuwenden. Jetzt können wir das gewünschte Signal einsetzen. Ich habe mein Stehenbleiben gewählt, ein unspektakuläres Stehenbleiben aus der Bewegung. Die Einführung hiervon funktioniert nach der bewährten Methode »neues Signal vor altem Signal« (s. S. 16ff) leider nicht. Wir können das alte Signal nicht geben, sollte unser Pferd auf das neue nicht reagieren, weil es im Zweifelsfall schon zu weit weg ist, als dass wir es noch mit der Schulter bremsen könnten. Also reduzieren wir Durchgang für Durchgang das Eindrehen zum Pferd. Hierbei sind gute Körperwahrnehmung und -koordination von uns gefragt. C+B für jedes prompte Stoppen. Anhalten, bei dem noch ein Schritt gegangen wird, erfährt unter diesen Trainingsbedingungen keine Bestärkung.

Jetzt können wir die Länge der zurückgelegten Strecke auf mehrere Meter steigern, bis wir das Signal geben. Danach erst halten wir ohne eine seitliche Begrenzung an.

## Enge Gassen

Das Pferd als Fluchttier schätzt enge Situationen nicht zu sehr. Also müssen wir es daran gewöhnen, was nicht nur beim Verladen eine große Hilfe für den Stresslevel unseres Trainingspartners ist. Für manche Aufgaben wie das Treckerprofil (s. S. 75) oder das Rückwärts (s. S. 58) sind enge Gassen ein wertvoller Helfer und auch im Parcours ist es schön, wenn unser Pferd voller Schwung und Vertrauen eine solche bewältigt. Ein bewährter Aufbau zum Training von engen Gassen ist folgender: Wir nehmen Plastikpfähle, die Absperrung kann aus Seil, Plastikkette oder auch Schwimmnudeln sein. Von der Höhe her ist für den Anfang der Ellenbogen unseres Pferdes ein gutes Maß.

Wir wählen den Abstand so breit, dass unser Pferd absolut entspannt mit Mensch hindurchgeht, das kann sehr individuell sein liegt aber meist bei gut zwei Metern.

**Schritt 1:**
Wir gehen mit unserem Pferd so an die Gasse wie bei dem Beginn der Freiarbeit (s. S. 42ff) und bestärken Eingang, Mitte und Ausgang.

**Schritt 2:**
Jetzt clicken wir immer erst, wenn die Hüfte unseres Pferdes den letzten Pfahl passiert hat und machen fünf Wiederholungen davon.

**Schritt 3:**
Wir stecken die Gasse immer nach fünf guten Durchgängen zwanzig Zentimeter enger, bis unser Pferd gerade eben hindurchpasst.

Wichtig ist es, immer nur am Ende der Gasse zu clicken, damit klar ist, dass die ganze Gasse das erwünschte Verhalten ist. Bestärken wir zu lange den Eingang, kann es sein, dass unser Pferd vorne »stecken bleibt«, wenn es für sein Empfinden unangenehm eng wird. Wenn es immer erst am Ende einen Click gibt, ist die Motivation, die Gasse flott zu durchlaufen, natürlich höher.

Wir können aber auch andersherum arbeiten, indem zwar in Pferdebreite begonnen wird, aber die Begrenzung auf dem Boden liegt. Dann steigern wir in 10-cm-Schritten bis auf die gewünschte Höhe. Das hängt ganz vom Pferdetyp und unseren Möglichkeiten vor Ort ab.

Eine Gasse kann zum Beschleunigen unseres Pferdes dienen. Auch wird die Trefferquote in Bezug auf anstrengendere Aufgaben, wie z.B. einen Sprung oder eine Stange, deutlich erhöht. Begrenzungen sind im Sinne des »Errorless Learnings«, also des fehlerfreien Lernens, von großem Wert. Unser Pferd läuft durch eine Gasse, an deren Ende es zuverlässig bestärkt wurde. Nun liegt in dieser Gasse ein unbekanntes Objekt. Was liegt da näher, als es hinter sich zu bringen, um sich am Ende sein C+B zu verdienen? So können selbst Tinker mit Begeisterung über Stangen hüpfen. Im Parcours ist eine enge Gasse zum Durchlaufen eine schöne Aufgabe, anhand derer wir überprüfen können, wie gut wir unserem Pferd die Armsignale beigebracht haben. Läuft es durch oder daran vorbei?

**Je weniger Fehler unser Pferd macht,** weil wir durch vernünftiges Management dafür sorgen, dass es gar nicht anders kann, als das Richtige zu tun, desto mehr C+B können wir von Anfang an für genau das richtige Verhalten geben. So wird das Verhalten deutlich zuverlässiger und unser Pferd und wir haben mehr Spaß, weil Belohnungsrate und Lernfortschritt stimmen.

## Wendungen und Wechsel

Möchten wir mehr Abwechslung in den Parcours bringen und nicht immer nur im Kreis laufen, müssen wir irgendwie auf die andere Seite unseres Pferdes kommen.

Am besten üben wir erst einmal »trocken«, d.h. ohne unser Pferd. Eine freundliche Stallkollegin ist für Neues, bei dem auch der Mensch gefragt ist, der beste Trainingspartner. Dann bekommen wir unsere eigenen Bewegungsabläufe koordiniert, um dann unserem Pferd die neue Übung so präsentieren zu können, dass es sie bestmöglich versteht.

Am Einfachsten ist der Wechsel, wenn wir unser Pferd nach einem Click füttern. Ähnlich wie bei der Uhrenübung (s. S. 30ff) bleibt unsere Futterhand stehen, während wir uns frontal zum Pferdekopf drehen und dann unsere andere Schulter auf die andere Seite des Pferdes bringen. Damit dies auch gut klappt, üben wir diesen »Tanzschritt« in der Bewegung ohne Pferd. Ein anderer Moment, der sich für Agility-Einsteiger zum Handwechsel anbietet, ist der, wenn unser Pferd auf einem Gleichgewichtsgerät steht. Sind wir schon sicherer in den Bewegungsabläufen dieses Wechsels, üben wir ihn auch im Schritt, dann ohne zu füttern und anschließend im Trab.

## Handwechsel des Pferdes

***Wir sollten diesen Bewegungsablauf zuerst mit einem menschlichen Pferd üben.***

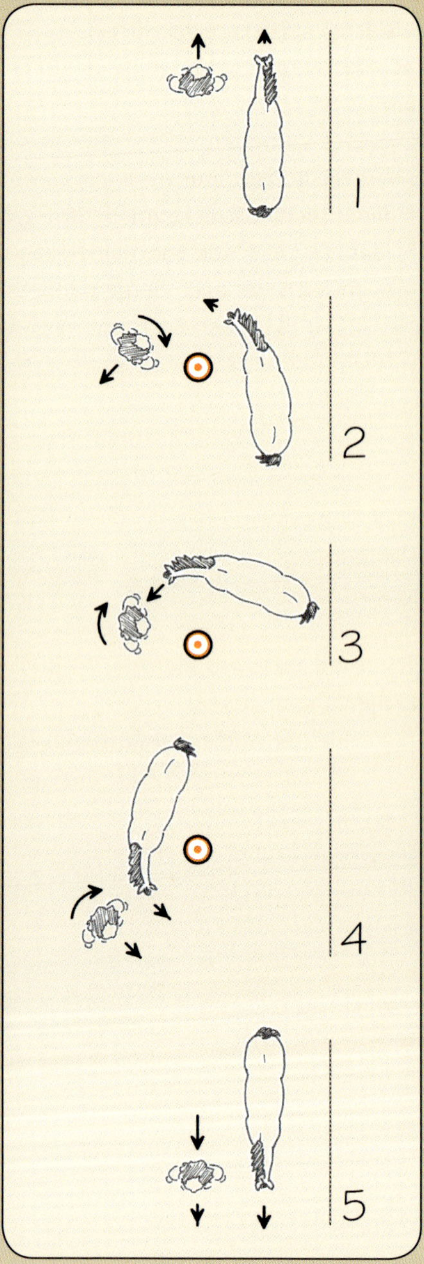

**Schritt 1:**

Wir gehen mit unserem Pferd ein Stück an der Bande entlang und strecken den Arm, der zum Pferd zeigt, seitlich heraus. So signalisieren wir unserm Pferd, dass sich gleich etwas ändern wird.

**Schritt 2:**

Unsere nächsten drei bis vier Schritte gehen im 45-Grad-Winkel nach schräg hinten und wir holen so die innere Schulter unseres Pferdes in die Bahn. Anfangs wird schon der erste Schritt, den unser Pferd die gerade Spur verlässt, geclickt. Wir achten darauf, den Abstand zum Pferd so groß zu wählen, dass es gut in die Bahn hineinkann. Andererseits müssen wir auch Sorge dafür tragen, so nah am Pferd zu bleiben, dass seine Motivation zum Mitkommen und auf unsere Signale zu achten hoch bleibt.

**Schritt 3:**

Wir strecken beim Rückwärtsgehen den anderen Arm in Richtung unseres Pferdes und nehmen es dadurch an. Einen Moment lang sind wir »face to face« mit unserem Pferd und wenden als nächstes unsere Schulter, die vorher in die Bahn zeigte, unserem Pferd zu.

**Schritt 4:**

Der ausgestreckte Arm weist es auf den Hufschlag zurück und wir haben einen Handwechsel gemacht. Das Erreichen des Hufschlags ist ein weiterer Clickpunkt.

Diesen Wechsel können wir so oder mit Reifen, Hindernisständern oder Pylonen als »Drumherum-Wendepunkt« trainieren. Manchen Pferden fällt es nämlich leichter, wenn sie ein Objekt haben, um das sie herumlaufen.

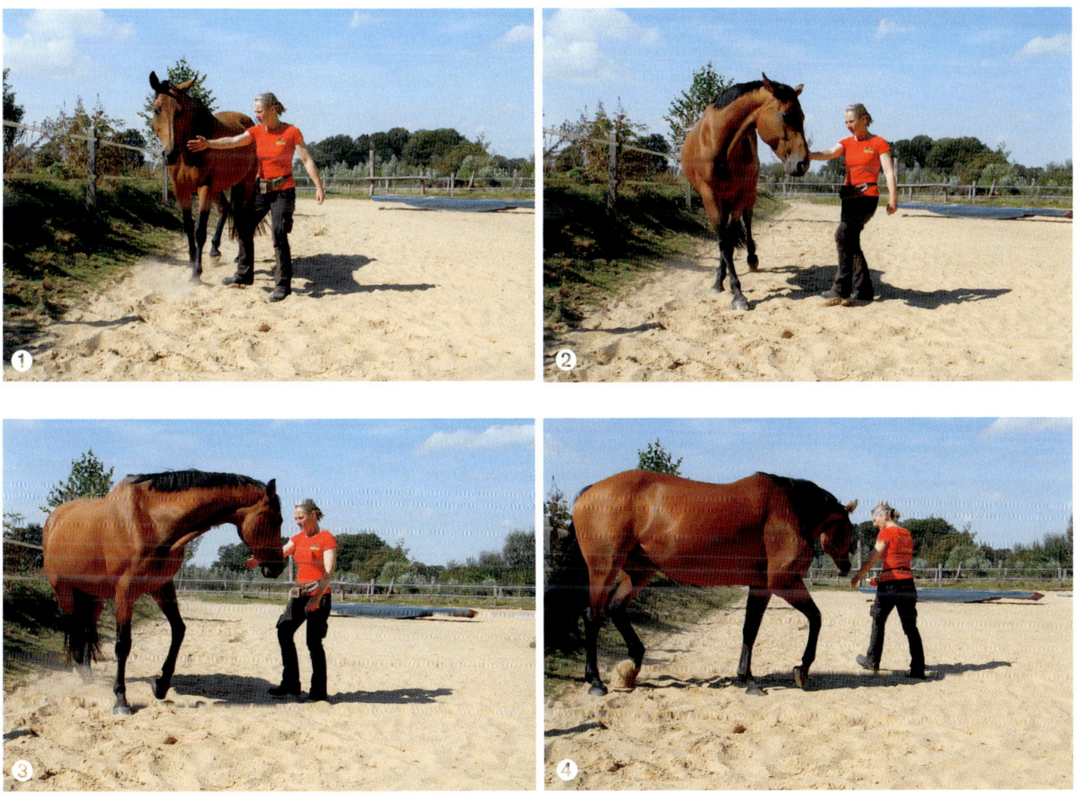


*Die einzelnen Schritte des Wechsels*

Unser Handwechsel im Trab ist letztendlich eine Kehrtvolte. Sie muss so groß sein, dass unser Pferd sein Tempo beibehalten kann. Wir haben keinen treibenden Schenkel, der die Beschleunigung übernimmt. Sollte unser Pferd in der Wendung durchparieren, gibt es selbstverständlich kein C+B. Wir halten ebenfalls sofort an, atmen dreimal tief durch und dann beginnen wir die Übung von vorne. Mit zunehmender Fitness unseres Pferdes kann sie dann auch enger werden. Aber was haben wir von einer engen Wendung, bei der unser Pferd seine Beine nicht richtig sortiert und wie ein Segelschiff um die Kurve geht? Lieber erst einmal große Kurven und schöne Bewegungen.

## Wechsel hinter dem Pferd

Dies funktioniert nur, wenn unser Pferd schon eigenständig zu einem Gerät oder einem Target hinlaufen kann. Wir beginnen wie immer im Schritt, geben unserem Pferd das Signal für das entsprechende Hindernis, was vier bis fünf Schritte vor ihm ist. Dann lassen wir uns etwas zurückfallen und wechseln hinter unserem Pferd auf die andere Seite, um sofort das Weiterlaufen zu bestärken.

Den Wechsel hinter unserem Pferd können wir auch über die bewegte Uhr trainieren.

## Wechsel vor dem Pferd

Wir gehen neben unserem Pferd los, strecken den zu ihm gewandten Arm aus, beschleunigen durch zwei größere Schritte und führen ihn hinter unseren Rücken. Wenn unser Pferd dem Arm folgt, können wir uns mit zwei weiteren Schritten auf seine andere Halsseite bringen. Anfangsclickpunkt ist das Folgen des Armes. Später bringt unser Pferd sich auf die Armsignale hin selbständig auf die andere Seite von uns. Gerade im Trab erfordert dieser Wechsel ein sehr aufmerksames Pferd, welches auch gelernt hat, sein Tempo zu drosseln. Anders im Hundesport: Der Mensch kreuzt ohne Signal die Laufspur des Hundes, um ihn nach einem Gerät auf der anderen Hand annehmen und beschleunigen zu können.

## Drehung

Eine weitere schöne Übung ist das »Dreh dich«. Unser Pferd dreht sich dann auf Signal einmal um die eigene Achse. Es muss sich hierbei gut koordinieren können, vor allem, wenn es im Lauf oder auf einem Turngerät ausgeführt wird. Wir können es ganz ohne Geräte machen und sind nicht auf trockene Bodenverhältnisse angewiesen. Unter anderem hängt es von dem Stockmaß unseres Pferdes ab, wie wir das »Dreh dich« trainieren können. Mit einem Targetstab ist es am Einfachsten, weil wir so die schwierigste Zone der Wendung von uns weg gut überbrücken können. Hierfür muss unser Pferd einem Targetstab zuverlässig folgen, also schon gelernt haben, sowohl ein paar Schritte zu machen, als auch den Hals zu wenden, um den Target zu erreichen. Der Stab für diese Übung muss der Halslänge unseres Pferdes angepasst sein. Wenn wir neben ihm stehen und die Hand auf die andere Seite des Widerristes legen, sollte es für unser Pferd möglich sein, mit einer Bewegung des Maules zur Seite den Target zu berühren. Ist der Stab zu kurz, wird unser Pferd eher nach hinten und mit dem Rumpf in unsere Richtung ausweichen.

**Das »Dreh dich« im Agility:** Aus dem Schritt – aus dem Trab – auf der Turnmatte – auf dem Wackelbrett – auf dem Drehteller – auf dem Hügel

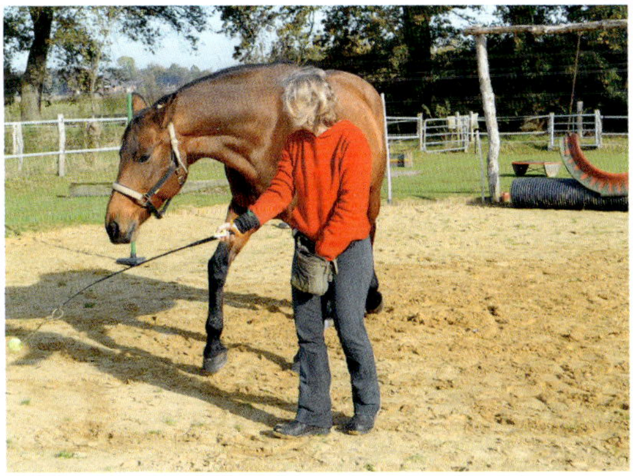

*Ich überprüfe zuerst, ob Luca auch dem langen Target folgt.*

Je nach Größe unseres Pferdes brauchen wir hier einen Helfer, um sehen zu können, ob der Target berührt wird. Ab einer Neunzig-Grad-Drehung braucht unser Pferd den Target nicht mehr zu berühren, um sich C+B zu verdienen.

### Schritt 1:

Wir stellen uns auf Schulterhöhe hin und halten mit unserer Hand etwas hinter dem Widerrist den Target auf der anderen Seite unseres Pferdes ca. dreißig Zentimeter neben sein Maul und bestärken es fünfmal für die seitliche Bewegung seines Halses, wenn es den Target berührt. Nach jedem Click nehmen wir die Hand mit dem Target wieder vom Widerrist weg und halten ihn so, dass unser Pferd ihn nicht sehen kann.

*Der Target könnte sogar noch zwanzig Zentimeter weiter vorne sein.*

### Schritt 2:

Wir halten den Target in so großer Entfernung seitlich zum Pferdemaul, dass es einen Schritt machen muss, um ihn zu erreichen. Dieser wird jedes Mal geclickt. Beim Füttern gehen wir bei allen 5 Wiederholungen vor wie bei Schritt 1.

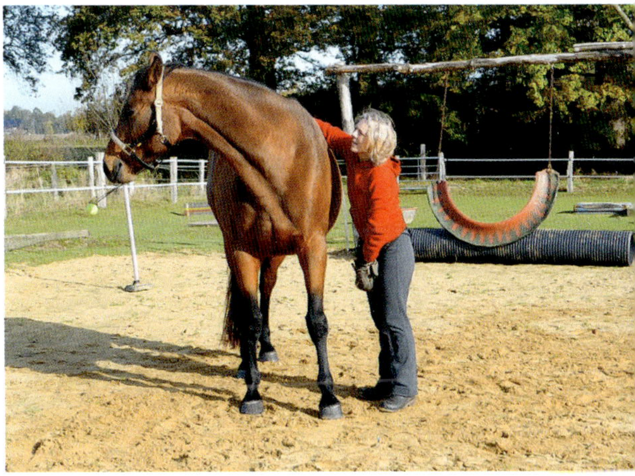

*Luca kann den Target bequem erreichen.*

### Schritt 3:

Jetzt geht es weiter auf Hüft-/Kruppenhöhe. Wir strecken unseren Arm so weit über die Kruppe wie es geht und präsentieren den Target so weit seitlich, dass unser Pferd sich mit Vor- und Hinterhand bewegt. Je nach Schwung und motorischem Vermögen müssen wir uns selbst durch Rückwärtsgehen aus der »Schwenkzone« bringen. Der Pferdepo wandert dabei an uns vorbei, die Drehung beträgt bei diesem Trainingsschritt ca. neunzig Grad. Dies ist das erste Mal, dass wir die Clicks für die Wendeschritte auf der Targetseite füttern. Fünfmal wiederholen.

### Schritt 4:

Wir machen weiter wie bei Schritt 3, füttern immer weiter in Bewegungsrichtung. Der Futterpunkt dient dazu, unser Pferd immer weiter in die Wendung zu bekommen, die jetzt bei etwa 180 Grad liegt.

**Schritt 5:**
Wir halten den Target wieder bei 90 Grad hin, bewegen ihn dann, bevor er erreicht wird, in einem großen Bogen bis auf 180 Grad weiter. Hier wird geclickt und in Richtung 270 Grad gefüttert.

**Schritt 6:**
Jetzt ist unsere Position, um den Target über unser Pferd zu halten, wieder auf Schulterhöhe, der Arm mit dem Target berührt den Pferdrücken hinter dem Widerrist. So bereiten wir es gut auf das Signal vor. Vorgehen wie in Schritt 5.

**Schritt 7:**
Wir clicken auf 180 Grad, füttern auf 270 Grad und gehen noch zwei Schritte weiter, die ebenfalls geclickt werden, so dass die 360-Grad-Wendung komplett ist.

*Auf dem Weg zu 360 Grad*

Sind wir sicher, dass unser Pferd sich in diesem Kontext dreht und würden die bekannten 100 Euro darauf verwetten, sind wir bereit für …

**Schritt 8:**
Wir tippen unser Pferd mit der Hand zweimal deutlich mittig in der Sattellage auf den Rücken und gehen einen Schritt schräg rückwärts, so wie wir es auch machen, um aus dem Schwenkbereich zu kommen. C+B und große Freude nebst Spezialkeks, wenn es sich dreht.

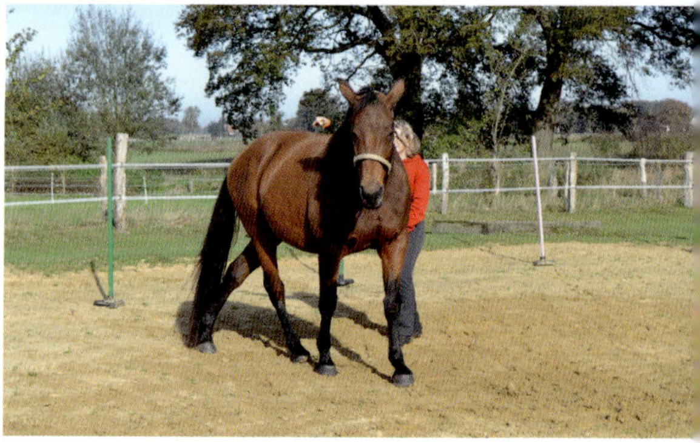

*Luca dreht sich auf Signal.*

*Hoch konzentriert bei der Arbeit*

Ab jetzt können wir den Target weglassen und an weiteren Parametern wie Promptheit, Geschwindigkeit oder dem Wieder-Aufschließen trainieren.

**Wichtig** beim Training des »Dreh dich«: Den Target wegnehmen und nichts tun, sollte unser Pferd Rückwärtsschritte machen. Immer erst den Target präsentieren, wenn unser Pferd ruhig abwartend neben uns steht. Auf ausreichenden Bewegungsspielraum unseres Pferdes achten und sich selbst schnell aus dem Schwenkbereich der Hinterhand bringen. Besonders wenn es an die Signalkontrolle (s. S. 16ff) geht, muss man sehr achtsam sein, weil es gut sein kann, dass unser Pferd sich auch ohne unser Signal dreht. Auf ausreichende Bestärkung der Drehung achten, schließlich sind es einige anstrengende Schritte.

## Rückruf

Es ist wunderbar, sein Pferd rufen zu können und es kommt in freudiger Erwartung auf einen zu, sei es im Trab oder für Fortgeschrittene auch im Galopp. So macht Umgang mit Pferden Spaß! Hierfür brauchen wir eine zweite Person, die ebenfalls mit Clicker und Futtertasche ausgerüstet ist. Dann sollten wir uns überlegen, was für ein akustisches Signal (s. S. 20) wir nehmen wollen. Der Name des Pferdes ist im Zweifelsfall schon zu »abgenutzt«, d.h. er wurde zu oft *nicht* mit dem gewünschten Verhalten des Auf-den-Menschen-Zutrabens verknüpft oder angemessen bestärkt. Letztendlich sollte es sich gut rufen lassen und keinem anderen akustischen Signal ähneln, was wir sonst noch benutzen. Mein allgemein gültiger Rückruf ist »PONY!« Es ergibt sich aber auch für unser Pferd aus dem Kontext, dass es gemeint ist, wenn es allein auf dem Platz ist und Frauchen auf eine bestimmte Art Geräusche macht.

Einen Pfiff finde ich recht elegant, aber wenn man so wie ich nur auf zwei Fingern pfeifen kann, wird die Übung durch Müsli und Pferdespeichel verklebte Hände etwas unattraktiv. Wer mir erfolgreich beibringt, einen lauten Pfiff ohne Finger hinzubekommen, bekommt eine Stunde Agility mit anschließender Videoanalyse auf Hof Steigerwald geschenkt. Eine Hundepfeife wäre auch noch denkbar, aber da fehlen mir bislang die Erfahrungswerte.

**Schritt 1:**
Wir stehen zu zweit mit dem Gesicht frontal vor unserem Pferd. Besitzer (A) und Helfer (B) gehen mit zum Pferd ausgestrecktem Arm zwei bis drei Schritte zurück. Die meisten Pferde können dieser Verlockung nicht widerstehen. Wenn sich unser Pferd in Bewegung setzt, bekommt es C+B von A.

**Schritt 2:**
Wir wiederholen dies und es füttert jedes Mal der andere. Das machen wir solange, bis unser Pferd sich sofort in Bewegung setzt, wenn wir nur zum ersten Schritt ansetzen. Wir trainieren damit das prompte Loslaufen und es wird recht schnell auftreten.

Um sich mit dieser Übung kein Geiern auf die Futterhand heranzuziehen, füttert die Hand, die nicht ausgestreckt war. Wir strecken den Arm mit dem Leckerli sogar zur Seite raus. Auf diese Art und Weise bekommen wir unser Pferd näher an uns heran. Viele Pferde haben durch das Vorne-Füttern sonst leider die Tendenz, auf den letzten Schritten auf dem Weg zu uns zu »verhungern«.

**Schritt 3:**
B fasst unser Pferd ganz kurz ans Halfter und A geht diesmal ein paar Schritte leicht schräg zurück. Wenn unser sofort wieder losgelassenes Pferd folgt, bekommt es von uns C+B für den zweiten Schritt, den es auf uns zumacht. Jetzt halten wir kurz unser Pferd, während B zurück geht. Weiter im Wechsel. In diesem Durchgang lernt unser Pferd, sich zu einem vier bis fünf Schritte entfernten Menschen zu bewegen. Günstig ist es auch, den Griff ans Halfter durch die Hand vor der Pferdebrust oder ein ähnliches Signal zu ersetzen.

**Schritt 4:**
Wir steigern die Entfernung, die wir uns vom Pferd in leicht schräger Linie wegbewegen, auf vier bis sechs und dann acht bis zehn Schritte. Dies geschieht möglichst rasch in der Zeit, in der der andere füttert. Sollte unser Pferd noch nicht genug Initiative entwickeln, schnell zum nächsten Menschen zu laufen, läuft derjenige, der als Letztes gefüttert hat, ebenfalls in die Richtung.

Der Click erfolgt in diesem Durchgang auf dem letzten Drittel der Strecke zum Menschen, gefüttert wird weiterhin seitlich. Sollte unser Pferd einmal zögerlich loslaufen, gehen wir ein bis zwei Schritte weiter rückwärts. Macht es sich flott auf den Weg zum nächsten Futterpunkt, sobald der Weg frei gegeben ist, kommen wir ihm ein bis zwei Schritte entgegen.

**Schritt 5:**
Derjenige, der das Pferd gebremst hat, rennt nun aufmunternd in die Richtung seines Trainingskollegen, sobald dieser sich positioniert hat. Für die allermeisten Pferde reicht das als Impuls, selbst auch anzutraben. Schon der erste Trabschritt wird geclickt und der Fütterer kommt dem Pferd entgegen zum Füttern. Sollte unser Pferd in der Situation nicht antraben, hat aber aus seinem »früheren Leben« schon Traben am Strick gelernt, können wir es ein paar Durchgänge so machen. So versteht unser Pferd besser, dass es nicht nur darum geht, prompt loszugehen und den Menschen zu erreichen, sondern auch dass das Tempo unterwegs entscheidend ist.

**Schritt 6:**
Jetzt rennt A sechs bis zehn Meter vom Pferd weg und es wird freigegeben, solange er noch in Bewegung ist. C+B für Antraben. B rennt ein Stück seitlich vom Pferd vorbei und A gibt es frei.

**Schritt 7:**
Trabt unser Pferd in achtzig Prozent der Durchgänge prompt zu demjenigen, der weiter weg ist, führen wir das Signal ein. *Bevor* es losläuft, rufen wir jedes Mal laut »Po-ny«.

Natürlich ist es der Trainingskontext, der unser Pferd veranlasst, zu A hinzulaufen. Schließlich hatten wir bisher immer den Wechsel A nach B. Sollte es dies ab jetzt tun, ohne dass es gerufen wurde, reagieren wir überhaupt nicht darauf und warten, bis es sich höflich hinstellt. Dann ruft B, der auf seinem Platz geblieben ist.

**Schritt 8:**
Wir trainieren Schritt 7 fünf Mal mit einer Person C anstatt B, dann kommt B wieder mit dazu und wir rufen in unregelmäßiger Reihenfolge. Hierbei achten wir darauf, dass unser Pferd auch mit seinen Sinnen präsent ist und unseren Ruf in dem Moment auch wahrnehmen kann.

## Rückwärts

Wenn unser Pferd die engen Gassen (s. S. 51) entspannt meistert, können wir diese nutzen, um ein gerades, zügiges »Zurück« über eine beliebige Strecke zu trainieren. Nicht nur mit einem Antraben danach kombiniert, ist es eine gute Gymnastizierungsübung. Da wir auch im normalen Umgang mit unserem Pferd immer wieder brauchen, dass es zurückgeht, und da bei manchen Pferden nicht so sehr auf Promptheit und Strecke trainiert wurde, empfiehlt es sich, über ein anderes Signal für unser Zurück im Agility-Parcours nachzudenken. Und schon fällt bei den Überlegungen auf, dass wir drei verschiedene Arten von Rückwärtslaufen trainieren können. Wir können frontal vor unserem Pferd stehen und es rückwärts alleine von uns wegschicken, dabei mitgehen oder aber wir gehen eine Strecke beide gemeinsam rückwärts. Das Zurück von uns – und der Futtertasche – weg ist natürlich deutlich schwieriger als das Mitkommen.

Das »konventionelle« Rückwärts mit dem Menschen frontal vor dem Pferd, der sich auf es zubewegt, nutzen wir, um erst einmal Promptheit und eine schöne Kopf-Hals-Haltung beim Rückwärtsgehen zu trainieren. Dann kommt noch das Kriterium »Sauberkeit der Schritte« hinzu. Haben wir hier schöne Ergebnisse, können wir uns dem Allein-Wegschicken zuwenden.

Parvene Farhoody stellte uns auf dem Scheuerhof diese Trainingsvariante für Hunde vor, ich habe sie ganz leicht für Pferde abgewandelt. Wir bestärken von Anfang an das richtige Bewegungsmuster, weil unser Pferd hierbei gar nicht anders kann, als gerade zurückzulaufen. Durch C+B am Ende lernt es, dass es immer erst eine definierte Strecke absolvieren muss. Die Begrenzungen der Gassen sollten auf der einen Seite ca. fünf, auf der anderen vier Meter lang sein, der eine Meter Differenz steht nur an einem Ende über. An der Seite beginnen wir.

**Schritt 1:**

Wir leiten unser Pferd an dem kürzeren Ende der Gasse vorbei schräg zum längeren Ende, so dass der Pferdpo schon fast im Eingang steht. Hier clicken wir es und positionieren es über den Futterpunkt gerade zum Gasseneingang. Wir können es aber auch von vorne hineinführen.

**Schritt 2:**

Mit einem bekannten Signal für »Zurück« geht unser Pferd rückwärts und bekommt C+B in dem Moment, in dem seine Schulter den Ausgang der Gasse passiert hat.

**Schritt 3:**

Sobald es prompt und zügig rückwärts bis zum Ende geht, führen wir das neue Signal ein, wofür wir z.B. unsere ausgebreiteten Arme nehmen können. Das ist nicht nur gut für unser Pferd wahrzunehmen, es sieht auch hübsch aus.

Wollen wir mehr als vier Meter freies Zurück, dann verlängern wir unsere Gasse entsprechend. Ansonsten machen wir die Gasse nach jedem fehlerfreien Durchgang etwas breiter oder niedriger, je nachdem, wofür sie bauartbedingt besser geeignet ist.

Für das gemeinsame Rückwärtslaufen nutzen wir auch die Gassen, bauen sie aber an einer anderen Stelle unseres Platzes auf.

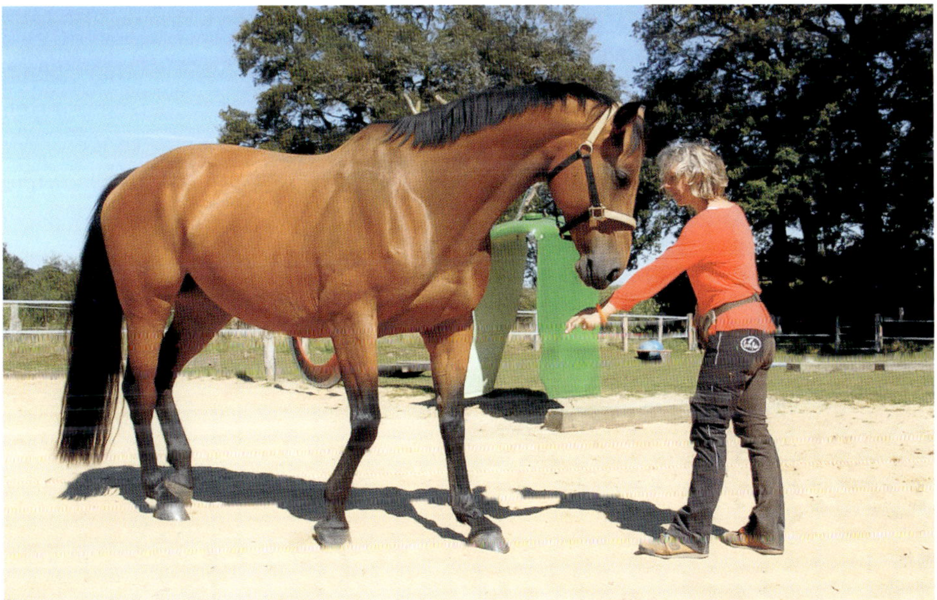

*Luca geht aufmerksam rückwärts. Signale sind Oberkörper und Arm.*

## Trab

Ob sich Agility mit Pferden eines Tages ähnlich rasant und atemberaubend darstellt wie im Hundebereich ist reine Spekulation. Tatsache ist, dass mit jedem Stundenkilometer mehr auch für viele der Spaßfaktor steigt. Anstrengung und Trainingseffekt auf das Herz-Kreislauf-System und die Gelenke steigen natürlich auch. Das ist einer der Reize beim Agility mit Pferden, wie wir es machen: Der Wechsel zwischen schnelleren Passagen und Gleichgewichtsübungen fordert unsere Pferde noch mehr, als würden wir uns im Schritt von Turngerät zu Turngerät bewegen. Außerdem erfordert die Freiarbeit in höheren Gangarten eine noch bessere Abstimmung von Mensch und Pferd, was sich wiederum in einer noch besseren Beziehung niederschlägt. Das Sahnehäubchen ist natürlich ein kompletter Parcours von fünfzehn bis zwanzig Geräten im Galopp.

Das eine ist natürlich die sportliche Komponente, von der wir als Mensch gesundheitlich auch profitieren. Als Pferdesportart gab es bislang nur das in Deutschland nahezu unbekannte Ride and Tie, bei dem sich zwei Reiter ein Pferd teilen und eine größere Strecke laufen. Natürlich ist es auch eine sportliche Herausforderung für den Menschen, einen Distanzritt oder ein M-Springen zu absolvieren, aber wann kommen wir mal so richtig ins Keuchen?

Die Komponente »Miteinander« ist das, was ich beim Agility noch mehr schätze. Wenn ich mich auf dem Platz irgendwo hinbegebe, kommen meine Pferde selbstverständlich mit mir mit. Wenn ich laufe, dann laufen sie auch, weil sie bei mir bleiben wollen. Es macht sehr viel Freude, eine so nahe Bindung zu seinem Pferd zu bekommen.

**Trainingsziel:**
Unser Pferd trabt auf beiden Händen überall auf dem Platz aus dem Schritt an, wenn wir beschleunigen, und bleibt mit der Schulter/dem Hals in ausreichendem Abstand auf Menschenhöhe, solange, wie wir auch laufen. Hieraus lässt es sich anhalten, verlangsamen und auf oder über ein Gerät schicken.

Wie immer gibt es auch hier verschiedene Wege, unser Pferd an einen Parcours in höherem Tempo zu bringen.

Viele Pferde kennen Antraben neben ihrem Menschen auch schon, wobei einigen der Unterschied zwischen frei und am Strick sehr deutlich bewusst ist. Deswegen trainieren wir zuerst das Mitlaufen mit der Variante zum Freien-Folgen (s. S. 44) im Gang.

Wir weisen unser Pferd in den Gang, clicken nicht den Eingang und fangen an zu laufen. Unser Pferd hat für Laufen in der Gasse neben uns schon viele Clicks bekommen und trabt im günstigsten Fall ebenfalls sofort an. Tut es das, wird der erste Trabschritt schon geclickt und wir arbeiten uns mit diesem Schema weiter durch die Gassen.

Das Antraben des Menschen wird also zum Signal für Antraben. Wir sollten das Trabsignal nur einmal geben, damit man eine prompte Reaktion erhält. Hoppeln wir ein paar Meter neben unserem gemütlich herlaufenden Pferd her und es entschließt sich irgendwann zum Antraben und wir clicken den ersten Trabschritt, haben wir das Antraben bestärkt, ja – aber leider auch das langsame Reagieren. Warum also sollte unser Pferd sich beeilen? »Irgendwann kommt schon der Keks«, wird es denken und dementsprechend wird seine Reaktion ausfallen.

*Schwungvoll durch die Gasse*

Deswegen: Bleibt unser Pferd im Schritt, selbst anhalten, lächeln, atmen, Pferd ansprechen, gemeinsam ein paar Schritte Schritt gehen, dann wieder selbst antraben. Die Wahl der Richtung kann uns auch helfen. Es trabt sich für ein Pferd deutlich leichter weg von einer Gruselecke, die jeder Reitplatz hat, an, als darauf zu. Zum Ausgang leichter hin als weg, zum Weidekollegen ebenfalls leichter hin als von ihm weg.

Stellen wir uns einmal vor, wie anregend ein Freund, der in einer vollen Müslischüssel knuspert, für unser Pferd sein kann. Seien wir erfinderisch, unseren Trainingsort so zu wählen, dass unser Pferd die bestmögliche Performance abliefern kann.

Da das Mittraben eine andere Aufgabe als das Antraben ist, muss Letzteres zuerst gut sitzen. Wir trainieren dafür konzentriert immer nur den Moment des Antrabens, C+B, ein paar Schritte gehen, Signal, Antraben, C+B usw. Dann erst gehen wir dazu über, Dauer aufzubauen. Es ist wichtig, dass wir die guten Momente des Mittrabens bestärken und der Versuchung widerstehen, zu clicken, wenn unser Pferd z.B. schon etwas zu weit vor uns ist. Natürlich bremsen wir es damit, werden aber in den nächsten Durchgängen den Preis dafür zahlen müssen, weil unser Pferd nicht verstehen kann, dass direkt neben uns der gewünschte Ort zum Laufen ist, weil es ja vorne seinen Click bekommen hat. Die Gassen bauen wir später dann genauso ab wie in der Basis-Freiarbeit.

*Hier wurde eindeutig zu früh ohne Gassen das freie Traben angegangen.*

## Antraben aus dem Stand

Wir haben als weitere Trainingsoption das Antraben aus dem Stand. Dies beginnen wir natürlich erst, wenn unser Pferd aus dem Schritt innerhalb von einer halben Sekunde antrabt.
Wir geben das Signal zum Antraben, indem wir selbst loslaufen und unter Umständen auch unser Stimmsignal einsetzen. Ein Helfer zählt die Schritte, die unser Pferd macht, bevor es antrabt, wofür es C+B bekommt. Nach fünf Wiederholungen haben wir unsere Durchschnitts-Schritte. In den nächsten fünf bestärken wir nur noch die Anzahl, die darunter liegt, ermitteln hiervon den Durchschnitt usw.

### *Hilfsmittel Gerte?*

Ein Großteil der Pferde reagiert wunderbar auf die Gerte als Beschleuniger – unter dem Sattel, an der Longe und an der Hand. Warum sollte dies bei der Freiarbeit nicht funktionieren? Weil für 99 % aller zivilisiert aufgewachsenen Pferde Gerte, Peitsche und Kommunikationssticks mit der Botschaft »Wenn du nicht tust, was ich (der Mensch) möchte, dann könnte es mit diesem Ding unangenehm werden oder sogar wehtun« gekoppelt sind. Durch Abstreichen oder Ähnliches kann man natürlich den Schrecken nehmen, aber ich habe noch kein Pferd in der Freiarbeit erlebt, was genauso nah und gern bei seinem Menschen bleibt, wenn der sie benutzt. Oft traben sie noch mit uns an, gehen dann aber eigene Wege. Und auch deswegen schätze ich die Freiarbeit so sehr: Die Pferde zeigen mir genau, wann es sich für sie nicht mehr lohnt, meine »verrückten Spiele« mitzuspielen.

## Galopp

Ich muss gestehen, dass ich für meine Ponys nicht schnell genug bin, um sie durch dynamisches Vorrennen zum Angaloppieren zu bewegen. Longiert oder reitet man regelmäßig, kann man immer vor der etablierten Galopphilfe das gewählte Wortsignal geben, das wird den Galopp in der Freiarbeit erleichtern.

True Horse Agility ist Sport für Mensch und Pferd.

Der Abgang vom Hügel (s. S. 80) ist eine Situation, die tendenziell mit Beschleunigung einhergeht und die ich genutzt habe, um Amadeus das Angaloppieren auf das Signal »Nina macht beim Laufen einen kleinen Hüpfer« beizubringen. Windige und frische Tage eignen sich besser als heiße, möchten wir unseren Pferden ohne Bedrohung das aus verhaltensökonomischer Sicht erst einmal recht teure Verhalten Angaloppieren auf Signal beibringen. Eine weitere Möglichkeit ist es, mit nur einer Gasse zu arbeiten. Wir traben sie mit unserem Pferd entlang und ändern kurz vor dem Ausgang schnell unsere Richtung. Wenn wir plötzlich zurückrennen, kann sich das auch sehr beschleunigend auf unser Pferd auswirken. Es wird aus der Gasse kommen und sich bemühen, wieder zu uns aufzuschließen.

Diese Möglichkeit der Beschleunigung funktioniert bei einem Pferd, welches gut seinem Menschen folgt.

Letztendlich gilt für das Galopptraining das gleiche wie für den Trab.

# Rauf und Rüber

## Turngeräte

Klein anfangen – bei Erfolg erweitern. Meine Anfänge waren Autoreifen, vier Holzstangen und ein Paletten-Podest, kurz darauf kamen Pylonen und eine lange Wippe dazu. Heute muss ich eine Weile überlegen, wenn ich aufzählen soll, was alles auf dem Platz ist. Manches hat sich bewährt, wurde modifiziert, umgebaut oder in Einzelteilen zu einer neuen Sache umgebaut.

Am besten, man schaut sich erst einmal um und macht eine Bestandsaufnahme, was alles auf dem Hof und am Stall vorhanden ist. Vieles lässt sich mit ein wenig handwerklichem Geschick in ein Gerät für den Agility-Parcours umwandeln. Ich empfehle auf jeden Fall die Anschaffung einer guten Sackkarre, um sich das Handling der Geräte zu erleichtern.

Nina

*Hof Steigerwald bietet eine vielfältige Auswahl an Hindernissen für den Parcours.*

Natürlich macht es mit fortschreitendem Können mehr Spaß, wenn uns viele unterschiedliche Geräte und Trainingsmöglichkeiten zur Verfügung stehen, und manches lässt sich auch leichter trainieren, wenn verschieden schwierige Varianten eines Modells auf dem Platz sind. Hat man »nur« eine LKW-Plane zur Verfügung, muss man erfinderisch sein und sich überlegen, was alles an interessantem Material unter die Plane gelegt werden kann, um die Motorik unseres Pferdes zu schulen. Dann kommen so kreative Ideen wie Schafwolle, Silofolie, Matratzen, Pappkartons etc. hinzu. Wenn wir immer erst Equipment neu heranschaffen müssen, ist auf jeden Fall sichergestellt, dass schrittweise trainiert wird. Es hat eben alles seine Vor- und seine Nachteile.

Wir schauen uns hier die unterschiedlichen Dinge an, mit denen wir einen Agility-Parcours für unser Pferd gestalten können. Oft gibt es ja auf einer Reitanlage schon eine Brücke, Stangen sowieso, Autoreifen, eine Wippe oder einen Flattervorhang.

Glücklich ist, wer sich einen separaten Platz für Agility abstecken kann. Dann entfällt der überaus sportliche Teil für uns Menschen, das ganze Equipment auf den Platz und wieder zurück in den Lagerraum schaffen. Aus diesem Grund baue ich die Prototypen der Geräte in Weichholz wie Fichte oder Tanne. Diese Hölzer sind leichter, gammeln aber bedeutend schneller weg. Bei mir steht alles ganzjährig draußen, deswegen nehme ich für den Dauereinsatz gerne heimische Eiche oder – weniger ökologisch, aber an manchen Stellen deutlich praktischer – Siebdruckplatten. Bei allem, wo Holz unter Pferdehufen mit im Spiel ist, müssen wir unbedingt auf Rutschfestigkeit achten.

Hierfür gibt es Gummimatten, die bis zu einer gewissen Stärke verklebt, oder wenn dicker, verschraubt werden. Auf diese Art und Weise können wir auch bei nassem Boden trainieren und unser Pferd findet immer Halt auf dem Gerät.

*Vier Pylonen und möglichst unterschiedliche Matten erleichtern das Basistraining für unser Pferd.*

## Matten

Das Turnmatten-Training ist nicht zu verwechseln mit der Etablierung des Bodentargets. Hierbei geht es um die Schulung des Gleichgewichtes und der Aktivierung der wirbelsäulennahen Muskulatur. Auch die Bewegungsmuskeln profitieren von der Arbeit mit den Matten. Das sogenannte »Rückstellvermögen« verhindert nämlich anders als z.B. eine Schaumstoff-Matratze den Druck des Pferdehufs bis auf den Boden. Unser Pferd steht instabil und muss durch kleine, feine Anspannungen der gesamten Muskulatur für Ausgleich sorgen.

Ein großartiges Geschenk über die Vereinigung der Freizeitreiter und -Fahrer in Deutschland bereichert seit diesem Frühjahr meinen Turnpark: blaue Matten, eine ganz dicke und drei kleine! Wir haben sie sofort ausprobiert, wohl in dem Wissen, die Lebensdauer der frisch aus dem Schulbetrieb ausrangierten Matten durch die Belastung von Pferdehufen drastisch zu verkürzen.

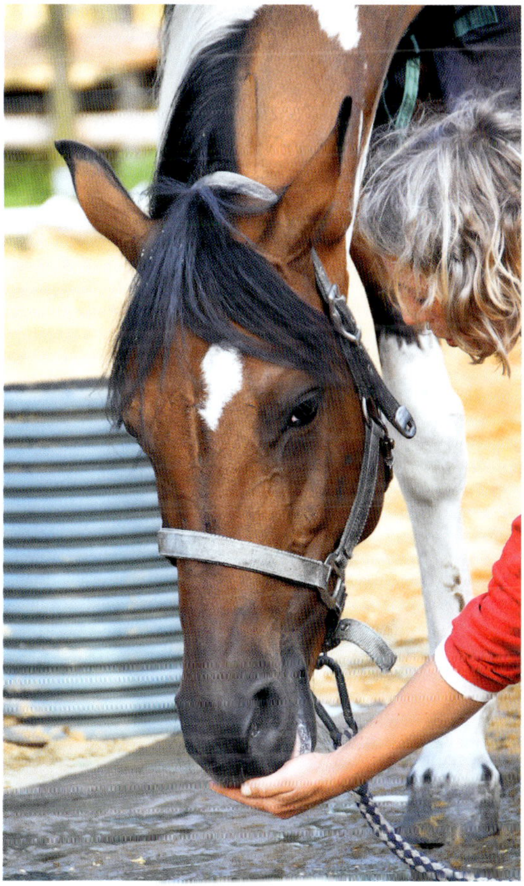

*Man sieht an Indys Auge, dass er auf der Matte entspannt ist.*

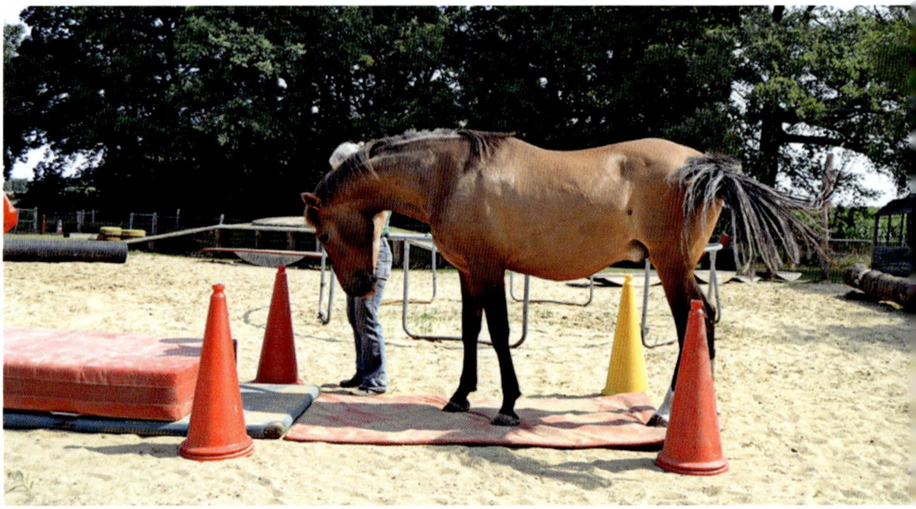

*Zuerst wird das Vertrauen auf einer harmlosen Matte aufgebaut.*

Die kleinen Turnmatten sind großartig, sie haben mit 150 x 100 cm genau das Format, auf das die meisten Pferde hinaufpassen, für ca. 50,- € bekommt man sie gebraucht; man kann sie noch allein bewegen und sie lassen sich wunderbar mit anderen Sachen kombinieren. Ein ungeübtes Pferd kann kaum mit allen vier Hufen auf so einer Matte stehen, ohne zu schwanken oder einen Huf umsetzen zu müssen. Es ist beeindruckend zu sehen, wie sehr die Muskeln bei einem scheinbar ruhig auf der Stelle stehenden Pferd arbeiten. Sollten keine echten Turnmatten zur Verfügung stehen, können wir ähnliche Effekte auch mit Matratzen bekommen. Hierbei hängt es aber stark von der jeweiligen Materialbeschaffenheit ab, wie sehr unser Pferd wirklich auf einer Matte arbeiten muss. Wenn unser Pferd reitbar ist und Matten kennt, können wir einfach mal hinspüren. Wir setzen uns ohne Sattel rauf und ein Helfer clickt unser Pferd vom Boden aus auf die Unterlage. Steht es ganz ruhig oder ist es leicht schwankend? Wie viel arbeitet die Muskulatur im Stand? Der Einfachheit halber werde ich hier von »Turnmatten« sprechen, meine aber mehr oder weniger stark nachgebende Objekte mit den Maßen von mindestens 5–30 cm Dicke und einer Stellfläche von mindestens 1 m x 1,50 m.

Wir können mit zwei kleinen blauen Turnmatten unsere Pferde gleichgewichtsmäßig sehr weit schulen, und das mit sehr geringem Risiko. Sollte man z.B. im Eifer des Trainings übersehen haben, dass das Pferd noch gar nicht in der Lage ist, eine Wendung um die eigene Achse auf zwei übereinander liegenden Matten zu vollbringen und es tritt daneben, gibt es keine harten Kanten. Einzig die Lederschlaufen zum Tragen müssen mittig durchtrennt werden, man kann sie noch genauso gut anfassen, wenn dieser Sicherheitsaspekt erfüllt ist.

Trainingsziel bei den Matten: Unser Pferd setzt alle vier Hufe auf das entsprechende Signal hin nacheinander auf die Matte. Damit es dieses Konzept möglichst schnell verinnerlicht, benutzen wir zwei Matten hintereinander. Durch die Länge ist sichergestellt, dass unser Pferd auf jeden Fall mit allen Vieren trifft. Wir gehen mit jeweils fünf Wiederholungen die einzelnen Schritte durch und gehen zum nächsten Schritt, wenn mindestens vier erfolgreich waren.

### Schritt 1:

Geht unser Pferd zuverlässig mit allen vier Hufen auf eine feste Unterlage mit in etwa denselben

Maßen wie unsere Matte, legen wir genau an der Stelle zwischen die Begrenzung aus Pylonen oder Gassen zwei Matten längs hintereinander. Wir gehen rückwärts auf die erste Matte und clicken jeden Schritt, den ein Huf aufsetzt. Sind alle vier Hufe drauf, gibt es dreimal C+B für ruhiges Stehen. Danach fordern wir unser Pferd umgehend zum Verlassen der Matte auf, indem wir weitergehen.

### Schritt 2:

Jetzt bekommt nur noch der letzte Hinterhuf Clicks für das Betreten der Matten. Ruhiges Stehen wird weiterhin mit zwei bis vier Clicks bestärkt.
Hier beobachten wir genau, wie unser Pferd sich bei dieser Aufgabe bewegt: Geht immer dasselbe Bein vor? Bewegt es Vorder- und diagonales Hinterbein gleichzeitig? Viele Pferde sind anfangs gar nicht in der Lage, ein einzelnes Hinterbein vor zu setzen. Das wird sich mit zunehmendem Training deutlich verbessern. Sind eventuell schon alle Hufe nur auf einer Matte oder braucht unser Pferd noch die zweite?

### Schritt 3:

Jetzt nehmen wir die zweite Matte weg und achten beim Aufgang auf die Matte darauf, dass wir unser Pferd mit dem Körper bremsen, damit es in die Lage versetzt wird, seine Hufe einzeln und bewusst zu setzen. C+B für den vierten Huf, drei für Stehen. Sollte es nicht auf Anhieb klappen, gehen wir eine kleine Runde und neu an die Matte. Für das Korrigieren von Fehlern gilt das Gleiche wie bei der Uhrenübung (s. S. 30ff).

Ab dem Durchgang, in dem unser Pferd etwas zögert, die Matte zu verlassen, gibt es in den Durchgängen, in denen es sofort mit uns mitkommt, auch mal C+B für den Abgang, weil das Alternativverhalten zur Matte sonst zu schwach ist.

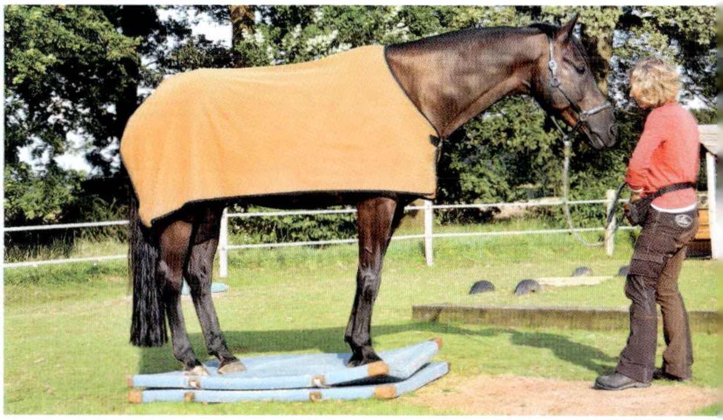

*Mit wachsender Übung wächst der Mattenberg.*

### Schritt 4:

Wir bauen die seitlichen Begrenzungen ab und trainieren den Aufgang frei.
Die dicke Matte macht ganz furchtbare Geräusche für Pferdeohren, wenn ein Huf darüber schrappt, wir trainieren hier nebenbei auch noch die Nervenfestigkeit. Das Drauftreten ist vom Gleichgewicht für den ersten Huf noch kein Problem, der zweite geht meist auch. Aber dann geht es weiter auf die Matte hinauf.

Unser Pferd muss mit verstärkter Schulteraktivität seine Vorderhufe aus der Tiefe der Matte bekommen und sich beim Absetzen mit dem anderen Bein nicht wieder in die Instabilität katapultieren. Das erste Hinterbein, welches die Matte betritt wird am Rand abgesetzt und ist von daher meist unspektakulär. Der letzte Hinterhuf sorgt dann wieder für Instabilität, aber das hängt auch vom Gewicht des Pferdes ab. Es gibt Pferde, die beim Überqueren der dicken Matte ihre Schritte so anpassen, dass sie dort in die Spuren treten, wo das Material noch nicht wieder hochgekommen ist. Sie machen es sich dadurch leichter, aber auch dies ist eine koordinatorische Leistung, die positiv für den Bewegungsapparat ist.
Geht es in erhöhtem Tempo auf die Matte, hat unser Pferd den Effekt eines LKWs im Kiesbett und muss den »Rückstoß« der Matte in sein Bewegungsmuster mit einplanen.

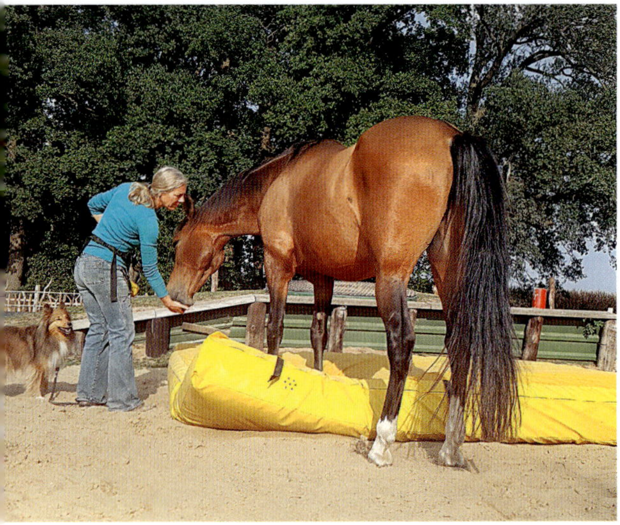

*Beim Erstkontakt clicken und füttern wir immer jeden Huf, der die Matte trifft.*

*Eine Weichbodenmatte fördert die Beinaktivität.*

**Einsatz der Matten:** hinüber traben – Strecke drauf traben – quer darauf stellen – auf der Matte drehen und in die andere Richtung loslaufen – über Stangen legen und im Schritt bewältigen

Extra-Gleichgewichtsübungen auf der Turnmatte: Wenn wir eine Matte zur Verfügung haben, bei der das Gewicht unseres Pferdes sich nicht bis auf den Boden durchdrückt, können wir es zusätzlich schulen, indem wir das Anheben der Hufe abfragen. Mit einem Huf weniger wird es deutlich wackeliger. Hierzu können wir den Knietarget (siehe »Clickerfitte Pferde«) oder ein einfaches Hufegeben nehmen. Hält unser Pferd sein Bein selbst, ist es natürlich am besten.

## Balancieren

Nach einem Sprung und einem flotten Lauf abbremsen und sich sorgsam Schritt für Schritt auf engster Fläche vorwärts bewegen, das ist wie eine Vorhandwendung nach der Trabverstärkung. Unser Pferd wird dadurch flexibler in seinen Bewegungsabläufen.

*Abbremsen und …*

*… rauf auf den Balken.*

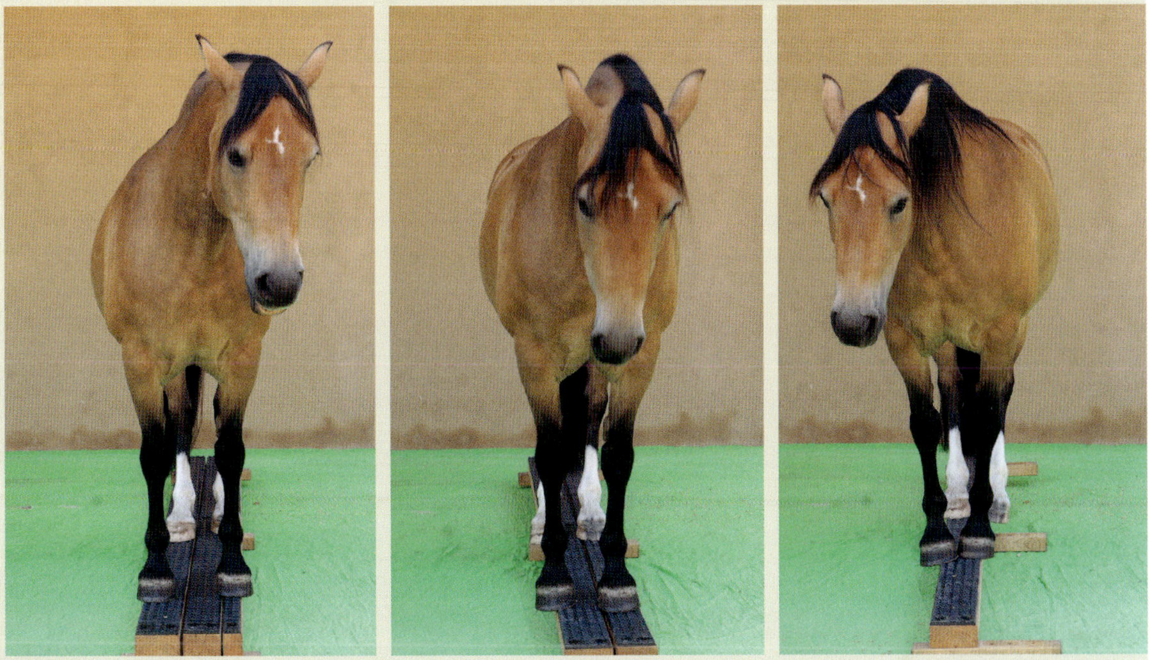

*Erst drei, dann zwei, dann ein Balken.*

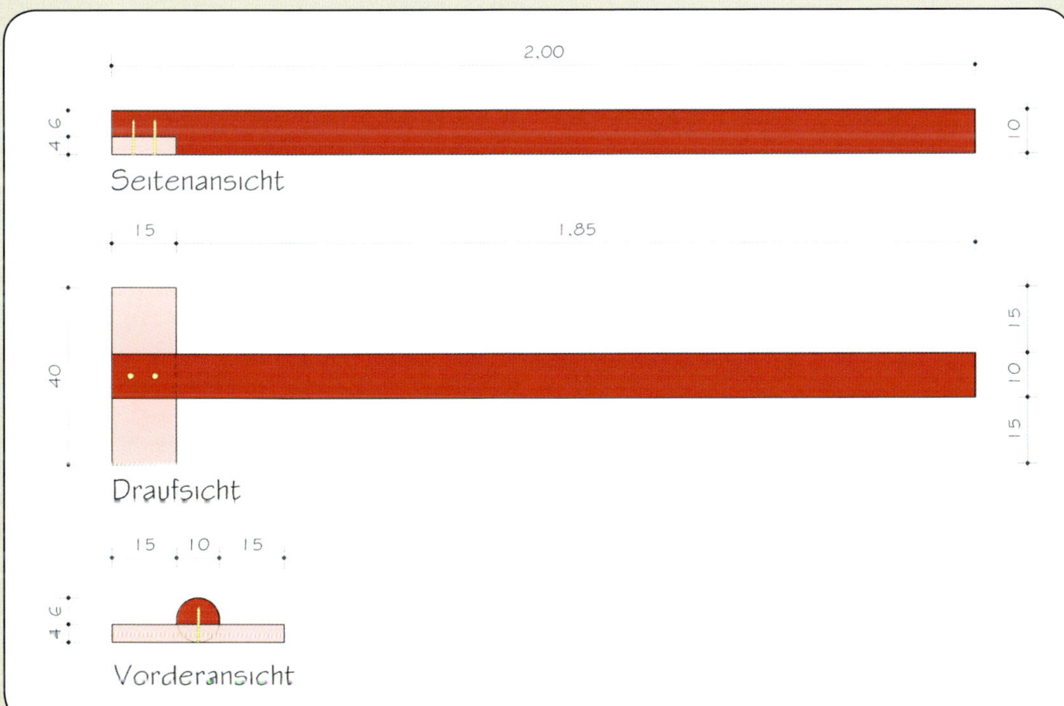


*Mit wenigen Handgriffen sichern wir ein Rundholz gegen Wegrollen.*

*Welche Breite braucht mein Pferd?*

Anders als bei den Hunden sind nicht Tempo und Höhe wie beim Steg entscheidend, sondern Genauigkeit und Breite des Gerätes. Wir haben mindestens zwei Möglichkeiten, unser Pferd balancieren zu lassen: Mit den Vorderhufen, während die Hinterbeine auf der jeweiligen Seite außen mitgehen, und mit allen vier Hufen. Es ist aber durchaus möglich, beim Zweibein-Balancieren die Hinterbeine nur auf der einen und auf ein anderes Signal hin auf der anderen Seite mitlaufen zu lassen. Wir schulen jedes Mal etwas andere Muskelaktivitäten.

Das Zweibein-Balancieren auf einem Rundholz ist immer eine spektakuläre Sache und die passenden Vorkehrungen sind schnell getroffen. Wir machen an der Stirnseite des Rundholzes einen Einschnitt, in den wir eine Dachlatte von ca. 20 cm einsetzen und festschrauben. Je geringer der Durchmesser, desto größer die Herausforderung. Acht bis zehn Zentimeter hat bisher jedes Pferd geschafft. Ideal ist die doppelte Pferdelänge. Und wenn wir einen arbeitslosen Holzmast mit zwanzig Zentimetern Durchmesser auf dem Hof herumliegen haben? Dann sichern wir auch den gegen Wegrollen und nutzen ihn für unser Training, welches dadurch noch vielseitiger wird. In »Clickerfitte Pferde« ist der detaillierte Weg zum Balancekünstler beschrieben.

Wie breit wir den Balancierbalken für alle vier Hufe wählen, hängt von der Brust- und Hufbreite unseres Pferdes und seiner Geschicklichkeit ab. Haben wir eine vernünftige Säge zur Verfügung, die auch Längsschnitte bewältigt, ist unser »Erstgerät« eine Bohle, die genau zwei Hufe breit ist. So hat unser Pferd die Chance, immer oben zu bleiben. Geht es mit traumwandlerischer Sicherheit und gezielten Schritten hinüber, sägen wir fünf Zentimeter auf der gesamten Länge ab. Da es viel Bestärkung für das Gehen auf der Bohle gab, wird sich unser Pferd bemühen, weiterhin oben zu bleiben.

Wir beanspruchen unsere Säge solange, bis die Breite erreicht ist, die unser Pferd noch gut bewältigen kann. Sollte keine Säge zur Verfügung stehen, können wir die Einsteiger-Bohle für eine Passage im Trab einsetzen und präparieren eine schmalere. Hier sind ca. 25 Zentimeter der Richtwert.

***Live-Coaching 2: Balancieren – Verkleinerung der Trittfläche***

***Wolfgang übt sich auf einer immer schmaler werdenden Spur.***

***http://mein.mueller-rueschlikon.de/42167/02.mp4***

*Der Balancierbalken ist ein mit wenigen Schritten zu bauendes Übungsgerät.*

WICHTIG! Balancier-Geräte immer gegen Wegrollen oder Kippen sichern!

## Bauanleitung »Balancierbalken«

**Material:**

- 1 Balken mit ca. 200 cm Lange, 20 cm Breite und 10 cm Stärke
- 2 Bretter mit 40 cm Länge, 10 cm Breite und 4 cm Stärke
- 4 Schrauben (80er)

Zu Anfang ist links und rechts in die Unterseite des Balkens jeweils eine Kerbe mit 4 cm Tiefe und 10 cm Breite zu sägen. Dafür eignet sich am besten eine Tisch- oder Handkreissäge. Nun müssen lediglich die Bretter mittig in die Kerben gelegt werden und mit je zwei 80er-Schrauben befestigt werden.

## Das Podest

Schon im Bereich Zirkuslektionen gerne genutzt und bekannt, können wir das Podest beim Agility vielseitig nutzen.

**Übungen mit dem Podest**
- mit allen 4 Hufen rauf
- sowohl aus dem Schritt als auch aus dem Trab
- mit den Vorderhufen rauf und mit den Hinterhufen umrunden
- Bergziege
- auf dem Podest drehen
- umrunden und ggf. Handwechsel

Im Handel gibt es hier sogar etwas Auswahl, ich achte bei den Geräten auf Standfestigkeit und eine rutschhemmende Oberfläche. Wer keine Sackkarre oder dienstbare Helfer zur Verfügung hat und seinen Platz immer wieder freiräumen muss, wird auch auf das Gewicht achten.

Im Eigenbau ist die einfachste Variante die Europalette, deren Zwischenräume werden an der Oberseite mit gleich starken Brettern ausgefüllt und festgeschraubt. Dann wird die Gummimatte oben fixiert. Im Sinne von kleinschrittigem Trainingsaufbau präpariert man also die Palette und arbeitet solange mit seinem Pferd, bis es flüssig und sicher mit allen 4 Hufen hinauf- und hinuntersteigt. Wenn es sich auf der Palette um die eigene Achse dreht, sie mit den Hinterhufen umrundet und die Palette auch im Trab nimmt, wird es schwieriger.
Die zweite Palette wird mit Schrauben, die mindestens vier Zentimeter in die obere hineinragen, unter der ersten befestigt. Ab jetzt sind Kipp-Schutz-Hölzchen an jeder Seite anzubringen. Dies sind Bretter, die unten zehn Zentimeter über den Rand hinausragen, damit die Hebelkräfte von 500 kg Pferdegewicht an der oberen Kante ohne Wirkung bleiben.

Ebenfalls recht kostengünstig ist die Variante mit Treckerreifen. Hier wird eine Siebdruckplatte mit Schlossschrauben auf der Flanke des Reifens

*Je kleiner die Unterstützungsfläche, desto anspruchsvoller für die Koordination.*

montiert. Diese Art von Podest hat zwei Vorteile: Man kann, je nach Verfügbarkeit des örtlichen Reifenhändlers, die passende Größe für sein Pferd aussuchen und hat wieder den Faktor »Instabilität« im Training. Der Reifen gibt nämlich teilweise nach. Das hängt natürlich von verschiedenen Faktoren wie Pferdegewicht, Reifenalter und Außentemperatur ab, kann aber gerade bei Aufgaben wie dem Drehen auf dem Podest für einen zusätzlichen Trainingseffekt sorgen.

Auch beim Podest ist es sehr hilfreich, mit leichteren Varianten anzufangen, dort für Sicherheit zu sorgen und dann erst schwerer zu werden. Ein Podest, auf dem unser Pferd nur mit verkleinerter Unterstützungsfläche Platz hat, also nicht *bequem* mit allen vier Hufen darauf stehen kann, ist für den Anfang zum Hinaufsteigen eher ungeeignet.

Hat man jetzt nur so ein kleines Modell zur Verfügung, kann man trotzdem verschiedene gymnastische Übungen machen. Hier empfehle ich das Umrunden des Podestes mit den Hinterhufen, wobei natürlich auch die Vorderhufe mittreten müssen.

Der Knietarget (siehe »Clickerfitte Pferde«), das Verlagern des Gewichtes nach hinten oder der spanische Gruß sind weitere Schulungsmöglichkeiten von Körpergefühl und Koordination mithilfe des Podestes, auch wenn es nur eine kleine Fläche haben sollte. Selbstverständlich sind diese Übungen mit einem großen Podest genauso wertvoll, um im Agility-Parcours Abwechslung zu schaffen.

Viele Pferde bleiben gerne auf erhöhten Geräten stehen. Das geschieht nicht nur, weil sie die bessere Aussicht genießen, sondern aus zweierlei Gründen: Der Aufgang ist einfacher als der Abgang und auf dem Podest gibt es mehr Clicks als unten. Daher ist es wichtig, auch den Abgang zu bestärken.

Ein flaches, schon gut eingeführtes Podest ist auch gut geeignet, um im Trab »Gerätesicherheit« zu trainieren. Hierzu stellen wir es mittig in eine Gasse, laufen außen wie beim »Freien Folgen« hindurch und weisen vor dem Podest mit geradem Arm nach vorne. C+B gibt es für den vierten Huf, der das Podest betritt und dann sofort wieder für den letzten, der den Boden berührt. Das Ganze fünfmal und dann im Trab.

## Das Treckerprofil

Mit Stichsäge, Flex und Mundschutz lässt sich eine wunderbare Sensorik-Strecke herstellen. Man nehme einen nicht zu abgefahrenen Treckerreifen und säge die Flanken ab. Je neuer der Reifen, desto höher das Profil und die motorische Herausforderung für unsere Pferde. Es stinkt und qualmt, aber der Einsatz lohnt sich. Dann wird die Lauffläche einmal durchtrennt, so dass der Reifen mit dem Profil nach oben in den Parcours gelegt werden kann. Gehen wir selbst einmal hinüber – es fühlt sich komisch an. Die Steigerung ist es dann, mit geschlossenen Augen rückwärts zu gehen. Hat man anschließend wieder festen Boden unter den Füßen, fühlt es sich an, als wäre man auf See gewesen.

Dieses Gerät sollte ebenso erst zum Einsatz kommen, wenn unser Pferd das Konzept »Geh mit allen 4 Hufen rauf« verstanden hat und zuverlässig umsetzt.

Da das Profil recht schmal ist, sollten die ersten Durchgänge immer mit seitlichen Begrenzungen stattfinden.

*Die Sensorik-Strecke am Hügel ist eine besondere Herausforderung.*

So setzt unser Pferd die Hufe immer dort, wo es gewünscht ist. Dadurch können wir es bei jedem Schritt bestärken, und die Aufgabe ist eindeutig für unseren vierbeinigen Trainingspartner. Wir haben mehrere Möglichkeiten zur Auswahl: Begrenzung durch Pylone, Kegel, Hindernisblöcke u.ä. oder durchgehend mit Weidezaunpfosten mit Plastikkette. Manchen Pferden ist das jedoch zu eng. Damit wir bloß nicht an zwei Kriterien – Enge und fremder Untergrund – gleichzeitig arbeiten, üben wir also wie unter »Gassen« beschrieben (s. S. 46) den schmalen Gang ohne merkwürdige Objekte.

Kennt unser Pferd schon vom Steigen auf andere Geräte die Begrenzung durch Pylone, stellen wir rechts und links vor dem Treckerprofil welche auf, gehen mit unserem Pferd zum »Eingang« und bleiben stehen. Dann steigen wir selbst mit dem Gesicht zum Pferd auf das Profil und fordern es auf, den ersten Huf rauf zu setzen. C+B. Wir gehen einen Schritt rückwärts, unser Pferd folgt einen Schritt, C+B. Der Moment der Lastaufnahme des gerade eben gesetzten Hufes, egal ob Vorder- oder Hinterhuf, ist beim ersten Durchgang jedes Mal der Clickpunkt. So bekommt diese wackelige Angelegenheit eine gute Belohnungsgeschichte und wir müssen unser Pferd nicht aktiv bremsen. Naturgemäß möchte es nämlich so etwas Komisches schnell hinter sich bringen.

Je bewusster unser Pferd seine Hufe setzt, desto mehr wird es davon profitieren. Mit zunehmendem Trainingsfaktor können wir die Begrenzungen reduzieren. Gut ausbalancierte Pferde können auch im Trab über das Treckerprofil laufen, wobei ich im Eifer des Parcours zumindest Pylonen an Anfang und Ende empfehle.

## Der Stepper

Die Idee des Steppers entstand bei einem Kundenpferd, das bei einem Sturz an der Longe mit einem Hinterbein nach hinten weggegrätscht war und sich im Knie einige Strukturen verletzt hatte. Was kann man tun, um die Strecker der Hinterhand zu stärken und für mehr Stabilität im Knie zu sorgen?

*Je bewusster und ruhiger die Schritte, desto besser.*

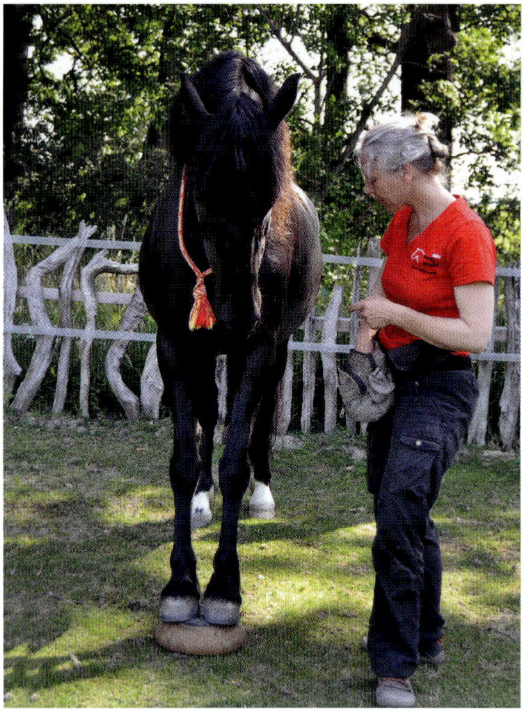

*Viele Pferde neigen dazu, mit beiden Hufen Halt zu suchen.*

Nach ein wenig Bastelei und ein paar Trainingsversuchen war der Einbein-Stepper entstanden. Anders als sein Äquivalent im Humanbereich hat dieses Modell keinen regelbaren Widerstand, gegen den gearbeitet werden muss, sondern wir arbeiten mit einer Low-Tech-Variante, wo die Höhe die benötigte Kraftanstrengung bestimmt.

Einen einzelnen Huf auf eine hufgroße, erhöhte Fläche zu stellen, ist schon eine großartige sensorische und motorische Leistung. Haben wir das erreicht, können wir den Stepper recht vielseitig im Training einsetzen. Ich staunte als Kind immer über die fußgemalten Bilder in einem Kalender und fragte mich, wie so etwas machbar ist. Trainingssache! Die Hinterbeine sind nun einmal ganz schön weit vom Gehirn entfernt. Ein Steppen-Fluchttier braucht normalerweise auch nicht die Fähigkeiten, einen einzelnen Hinterhuf an einem bestimmten Platz abzustellen. Es verfügt aber über die Voraussetzungen nervaler und muskulärer Art und wir können durch Training diese zu Fertigkeiten werden lassen. Eine Herausforderung ist es für uns als Trainer, eine gute Position zu finden, in der wir gleichzeitig einen guten Blick auf das jeweilige Bein, den Huf und den Stepper haben und bequem füttern können. Ein Helfer, der vor unserem Pferd steht und das Füttern übernimmt, ist bei vielen Aufgaben, die mit den Hinterbeinen zu tun haben, von großem Wert. Wir können uns dann ganz genau auf die Aktivität des Beines konzentrieren und demzufolge unsere Clicks präziser setzen.

*Hier wird sehr schön die Streckermuskulatur des rechten Hinterbeines aktiviert.*

*Der Steigerwald-Stepper wird aus Eichenholz handgedrechselt.*

## Bauanleitung Stepper

Der Stepper sollte möglichst schwer sein und sowohl dem Pferdehuf Halt geben als auch auf festem Boden nicht verrutschen. Unsere Steigerwald.T-Minipodeste sind aus Eichenholz handgedrechselt.

Sie können auch einfach die Seitenwände eines Holzklotzes mit der Kettensäge so schräg kappen, dass die Stellfläche oben noch bequem den Huf aufnimmt. Die Kanten werden dann mit der Flex geglättet. Eine Gummimatte an Ober- und Unterseite komplettiert das Turngerät.

### *Steppervarianten:*

- Unser Pferd steht einem Vorderbein auf dem Fußboden, mit dem anderen auf dem Stepper. Beide Hufe werden belastet, so dass sich das Schulterblatt nach oben verschiebt.
- Ein Bein auf dem Stepper, das andere hängt herunter. Dies schult die Körperwahrnehmung und Entspannung des »losen« Beines und stärkt das andere.
- Wechselndes Belasten von Stepper- und Bodenbein. Hierbei können wir mit Seiteneigung unseres Oberkörpers schön verdeutlichen, wo unser Pferd gerade Last aufnehmen soll.
- Wollen wir gezielt die Strecker trainieren, legen wir den Schwerpunkt auf den Moment, wo unser Pferd sich neu hoch stützt.

**Schritt 1:**
Wir stehen mit unserem Pferd vor dem Stepper, der mittig vor ihm liegt. So können wir unser Pferd entscheiden lassen, welches sein »Fühlbein« ist. Vielleicht wissen wir aber auch, welches Bein bei Aufgängen aller Art das bevorzugte ist und legen es davor. Wir fordern es auf, den Stepper zu betreten, wenn der Huf mit der Sohle die Gummimatte trifft, C+B.

**Schritt 2:**
Jetzt werden wir präziser. Es muss für C+B mindestens der halbe Huf auf Anhieb treffen.

**Schritt 3 und 4:**
C+B für den dreiviertel bzw. ganzen Huf.

## A-Wand oder Hügel?

Die »echte« A-Wand ist wirklich ein mehr oder weniger spitzes Dreieck. Will man eine für Pferde bauen, braucht es viel solides Material, um diese Übung in den Parcours zu integrieren. Reduzieren wir die Anforderung auf »schräg hoch und schräg runter«, bekommen wir bei ähnlich baulichem Aufwand einen Hügel, im Springsport das Billard.

Begrenzt man diesen an einer Seite mit einer senkrechten Wand, lässt ihn zur gegenüber liegenden Seite steiler abfallen als an den Längsenden, kommt ein unglaublich vielseitiges Spiel-, Spaß- und Trainingsobjekt heraus. Die Kuppe sollte mindestens einen Galoppsprung lang sein. Man kann auch mit Treckerreifen »spielen«: Vier Stück dicht hintereinander in eine Reihe legen, gründlich mit Erde füllen und feststampfen, dann auf den zweiten und dritten jeweils wieder einen Reifen. Extrem wichtig ist

*Gerade für Norddeutsche sind Hügel im Parcours eine ...*

regelmäßige Kontrolle der Füllung, die den inneren Rand immer gut bedecken muss!

Die ersten Runden stellen wir noch eine Pylone oder eine Tonne an beiden Füßen des Hügels auf. Geht unser Pferd schon auf einen ausgestreckten Arm hin um das nächstliegende Objekt herum, gibt es C+B bereits für den ersten Huf auf der Schräge. Fleißiges Mitgehen wird bestärkt, genau wie das Erreichen der Höhe.

Haben wir einen Hügel ohne steile Außenseite, sollte der gewünschte Weg unseres Pferdes

*... wunderbare Abwechslung.*

durch Gassen (s. S. 46) begrenzt sein, sonst wird unser Pferd den Weg des geringsten Kalorienverbrauchs wählen.

Das ist sicher nicht genau über die Kuppe. Hier ergibt sich auch ein weiterer Einsatz des Bodentargets. Unser Pferd muss denken »Nichts wie rauf da!«.

Beim Bergablaufen bremsen wir das Tempo und achten auf eine schöne, tiefe Kopf-Hals-Haltung. Unsere Position unten macht dies natürlich einfacher.

*Im Trab hinauf ...*

*... und gesittet wieder hinunter.*

# Wippen und Wackeln

## Instabilität im Training für Stabilität im Alltag

**Die Idee, Pferde durch bewegliche Untergründe zu trainieren, habe ich aus der Human-Physiotherapie übernommen. Hier gibt es eine große Bandbreite an Geräten und Unterlagen, da wir die tiefen Muskelschichten mit herkömmlichen Übungen nicht ansprechen können. Diese gelenk- und wirbelsäulennahe Muskulatur leistet aber wichtige Stütz- und Haltefunktionen, denn der Rumpf ist das Fundament jeder Bewegung der Extremitäten. Je stabiler das Fundament, desto besser die Bewegung.**

## Die Einleitung des Wippenkapitels verfasste Eva-Marie Essers von www.equilution.net

*Human-Physiotherapeutin und -Osteopathin, Dozentin für Physiotherapie, Clickertrainerin für Pferde, Steigerwald.T-Wippentrainerin i.A.*

## Ganzheitliches Pferdegesundheitstraining auf zwei Kufen

Wippentraining mit Pferden erfreut sich immer größerer Beliebtheit. In den sozialen Netzwerken finden sich zahlreiche Beiträge der lebenden Schaukelpferde. Dabei empfindet manch ein Betrachter diese Art der Beschäftigung mit Pferden wohl als Spielerei, Zirkusnummer oder wenig effektives Training, da es nur im Stehen erfolgt.

Das Pferdewippentraining, so wie Nina Steigerwald es lehrt, bietet zahlreiche und völlig neuartige Möglichkeiten in der Prävention und Rehabilitation von Pferden sowohl aus osteopathischer, physiotherapeutischer und psychologischer Sicht. Alle Körperstrukturen und -funktionen des Pferdes werden angesprochen und es kann dazu beitragen, diese langfristig in ein physiologisches Gleichgewicht zu bringen. Genau wie bei uns Menschen stehen alle Körpersysteme – Bewegungsapparat, Organe, Faszien, Nerven & Gehirn, Hormondrüsen und Stoffwechsel u.v.m. – auch im Pferdekörper über vielfältige Verbindungen miteinander im ständigen Austausch und beeinflussen sich zudem bei der Entstehung von Dysfunktionen wechselseitig.

**Trotz der zahlreichen positiven Effekte für das Pferd muss bei körperlichen Auffälligkeiten und Einschränkungen immer eine Diagnostik durch den Tierarzt und/oder Pferdetherapeuten erfolgen, um schwer wiegende Erkrankungen auszuschließen bzw. die primäre Erkrankung medizinisch zu behandeln!**

Je nach Wahl der Wippengröße und Wipptechnik des Pferdes können verschiedene Zielsetzungen fokussiert werden. Für jede Variante gilt jedoch, dass alle fünf grundmotorischen Fähigkeiten – Beweglichkeit, Kraft, Koordination (Propriozeption), Ausdauer, Schnelligkeit (von Reizübertragung und Muskelaktivität) –, die aus der Sport- und Bewegungswissenschaft bekannt sind, zeitgleich im gesamten Pferdekörper trainiert werden.

Einen stark mobilisierenden und gleichzeitig stabilisierenden Effekt können wir mit der Zweibeinwippe erzielen. Durch aktive seitliche

*Geringer Ausschlag – große Wirkung*

Wippbewegungen werden die Schulterblätter bei gestreckten Beinen wechselseitig am Brustkorb entlang nach oben und unten bewegt. Da die Vorderbeine über die Schulterblätter rein muskulär mit dem Brustkorb, der Hals- und Brustwirbelsäule verbunden sind, wird eine große Bewegungsfreiheit ermöglicht. Diese Region ist allerdings aufgrund der fehlenden gelenkigen und knöchernen Verbindung zum Rumpt auch sehr anfällig für muskuläre und fasziale Fehlspannungen. Durch das wiederholte Auf- und Abgleiten der Schulterblätter während des Wippens werden die umliegenden Gewebe sanft mobilisiert und gedehnt. Elastische Strukturen in diesem Körperabschnitt bieten dem gesamten Brustkorb (Rippen, Brustwirbelsäule) ausreichende Beweglichkeit. Dies ist besonders wichtig für die vollständige Entfaltung der Lunge und somit der Aufnahme von lebenswichtigem Sauerstoff. Das Zwerchfell als größter Atemmuskel kann sich im vollen Ausmaß bewegen und den dahinter befindlichen Magen und die Leber sanft massieren. Nicht selten sind Lungen- und Magenprobleme eines Pferdes auf eine eingeschränkte Funktionalität des Zwerchfelles und Brustkorbes zurückzuführen.

Der Vorhand wird raumgreifendes Bewegen ermöglicht und die Wirbelsäulenregion rund um den Widerrist wird in rotatorischer Weise mobilisiert. Neben der Dehnfunktion muss die Muskulatur des gesamten Körpers – besonders die der Vorderhand – währenddessen im Wechsel anspannen (konzentrische Muskelarbeit) und kontrolliert wieder nachlassen (exzentrische Muskelarbeit). Dies wirkt sich kräftigend aus und steigert die Stabilität. Die beschriebenen Bewegungsmuster und die damit verbundenen mobilisierenden Effekte, die das Pferd aktiv, dynamisch und mit einer hohen Wiederholungszahl auf der Zweibeinwippe ausführt, sind bis dato völlig einzigartig.

Bei dem Hinterhandwippen werden das Iliosacralgelenk (Kreuzdarmbeingelenk) und die Lendenwirbelsäule bis hin zur unteren Brustwirbelsäule mobilisiert sowie die dazugehörigen Muskeln, Faszien und Bauchorgane. Zudem stellt die Positionierung der beiden Hinterbeine für viele Pferde zu Beginn eine deutliche Herausforderung dar. Ohne Blickkontrolle bedarf es neben Konzentration auch eines sehr guten Körpergefühls für die Hinterhand. Eine Steigerung der Propriozeption (Tiefenwahrnehmung) dieses Körperabschnitts erleichtert das rückwärtige Aussteigen aus dem Pferdeanhänger und steigert die Trittsicherheit im Gelände.

*Auch wenn nur die Hinterhand auf der Wippe steht, wird der gesamte Bewegungsapparat aktiviert.*

Das Training auf der Ganzkörperwippe eignet sich zur Beweglichkeitsverbesserung der gesamten Wirbelsäule in Längsrichtung. Die Wirbelsäule steht in direktem Zusammenhang mit dem vegetativen Nervensystem (autonomes Nervensystem), bestehend aus dem Sympathikus und Parasympathikus. Diese Nervenzentren sind im Wechselspiel für die Steuerung der Organ- und Körperfunktionen verantwortlich und können je nach Anforderung die Aktivität der Organe erhöhen oder senken. Bei Flucht oder Stress wird durch den Sympathikus u.a. die Herz- und Lungentätigkeit deutlich erhöht, während in Ruhephasen die Aktivität der Verdauungsorgane über den Parasympathikus aktiviert wird. Kommt es zu einer sogenannten »Blockierung« der Wirbelsäule, werden diese Nerven irritiert und können ihre Impulse nicht mehr adäquat an das Zielorgan weiterleiten. Langfristig können sich funktionelle Störungen der entsprechenden Organe ergeben. Durch das gleichmäßige Wippen werden die gelenkigen Verbindungen der Wirbelsäule mobilisiert. Bei einem durchlässigen Pferd kann man die schwingenden Bewegungen entlang der Wirbelsäule vom Genick bis in den lockeren Schweif beobachten. Die muskulären Verspannungen der Wirbelsäulenmuskulatur, die für die »Blockierung« der Wirbel verantwortlich sind, werden gedehnt und ermöglichen wieder eine normale Funktion. Zudem werden die Durchblutung und der Stoffwechsel in diesen Arealen gesteigert und fördern die Regeneration der strapazierten Muskelfasern.

Anhand von thermografischen Untersuchungen konnte die stark durchblutungssteigernde Wirkung im gesamten Bewegungsapparat nachgewiesen werden. Eine gute Durchblutung ist die Grundlage für die Versorgung und Regeneration aller Gewebe im Körper. Blut transportiert

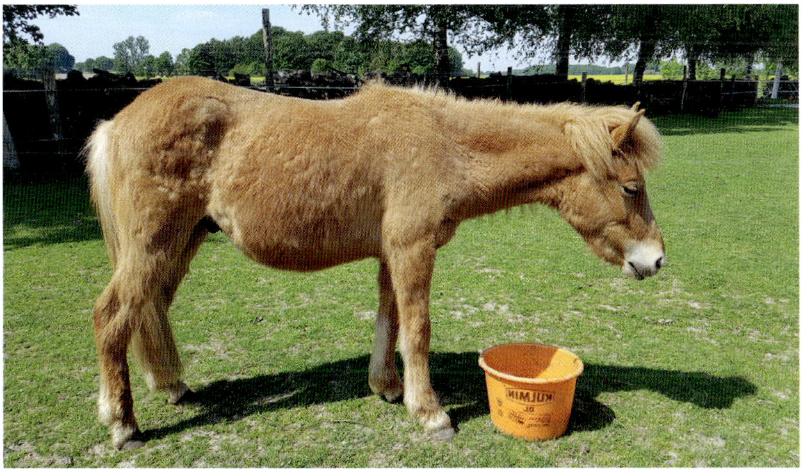

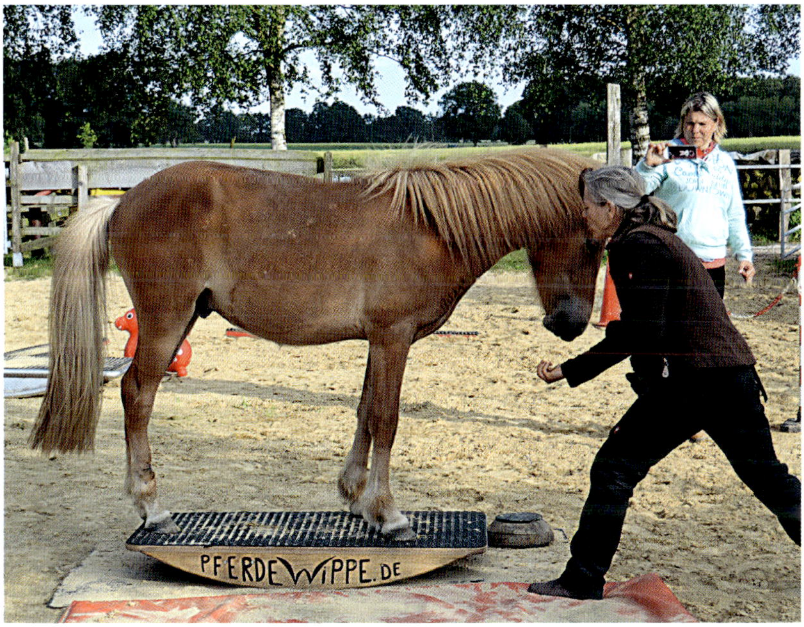


*Einsatz der Pferdewippen zur Reha: Nach einer schlimmen Verletzung als Saugfohlen hatte Heri sein rechtes Hinterbein nicht mehr belastet. Tierärzte und Physiotherapeuten versuchten vergeblich, ihn wieder zum Laufen zu bringen. 11 Wochen Turngeräte-Training auf Hof Steigerwald haben aus dem Zweijährigen ein anderes Pferd gemacht.*

Sauerstoff, Nährstoffe und Hormone zu ihrem Bestimmungsort und leitet Gift- und Abfallprodukte zu den Ausscheidungsorganen. Zudem spielt die Durchblutung einen entscheidenden Faktor bei der Immunabwehr.

Neben den mobilisierenden Effekten wirkt sich das Wippentraining zeitgleich auch stark kräftigend und stabilisierend auf den gesamten Pferdekörper aus. Starke Muskeln sind nicht nur für das schadenfreie Tragen des Reiters unerlässlich, sondern auch die beste Prophylaxe für gesunde Gelenke. Insbesondere die Bauchmuskulatur arbeitet hier intensiv, um die Wippe in Bewegung zu versetzen. Durch aktive und kräftige Bauchmuskeln wird der Rücken aufgewölbt und der Abstand zwischen den Dornfortsetzen vergrößert. Dies wirkt einem Senkrücken und den damit häufig verbundenen Kissing Spines entgegen.

*Shetlandpony Wolfgang wippt in schönster Versammlung auf der T-1500.*

Eine maximale Aufwölbung der Wirbelsäule und ein Abkippen des Beckens lässt sich mit der Wipptechnik der Hankenbeugung erzielen. Zusätzlich werden Muskeln, Sehnen und Bänder der Hinterhand flexibler und ermöglichen eine höhere Lastenaufnahme. Während die Muskulatur im vorderen Körperabschnitt den Brustkorb zwischen den Vorderbeinen und Schulterblättern nach oben zieht, wird der Widerrist angehoben. Gut trainierte Wippenpferde zeigen einen hohen Grad an Versammlung bis hin zum Schulhalt. Sogar Bent Branderup, der Gründer der Akademischen Reitkunst, konnte sich auf einem seiner Kurse von den hilfreichen Impulsen des Wippentrainings für die Ausbildung bis hin zu hohen Lektionen überzeugen.

Eine erhöhte Muskelmasse geht zudem mit einer erhöhten Fettverbrennung einher. Gerade Besitzern von Pferden, die von Hufrehe oder anderen Stoffwechselkrankheiten betroffen sind, wird zu mehr Bewegung der Tiere geraten. Aufgrund der körperlichen Einschränkungen

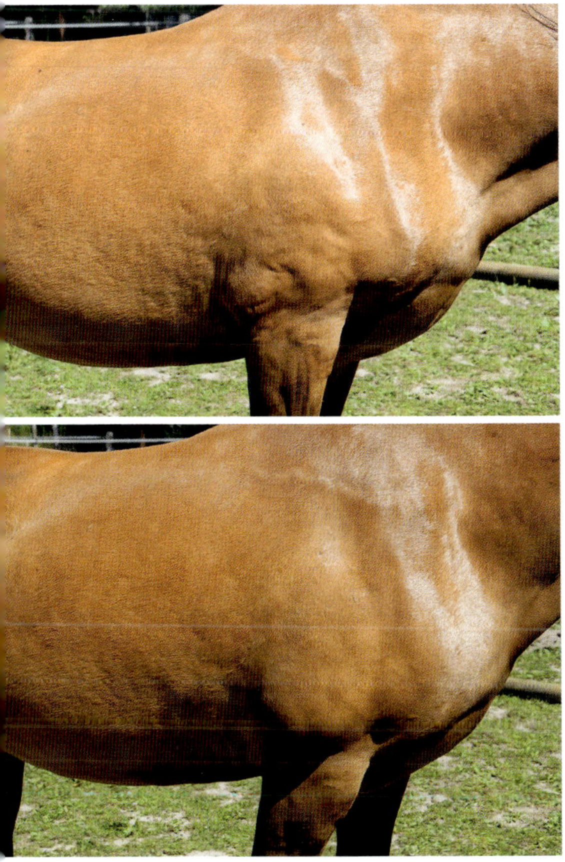

Muskelaktivität der Schulter beim seitlichen Wippen.

gestaltet sich dies häufig schwierig. Auf der Wippe gelingt gelenkschonendes Ganzkörpertraining.
Steht die Muskulatur des Bewegungsapparates im physiologischen Gleichgewicht, bietet sie den inneren Organen zum einen Stabilität in Form eines Widerlagers, welches besonders interessant im Zusammenspiel von Bauchmuskeln und Darm ist. Zum anderen fördert gleichzeitig aber auch Elastizität die vollständige Entfaltung und Funktionserfüllung der Organe wie z.B. der Lunge.

Durch die intermittierenden Muskelanspannungen und -dehnungen während des Wippens erfahren die inneren Organe einen sanften Masageeffekt, der ihre Durchblutung, ihren Stoffwechsel und ihre Funktionalität fördert. Auch Restriktionen der Organe und Organfaszien können bei regelmäßigem Wippen gemildert werden. Restriktionen können auf vielfältigen Ursachen wie Entzündungen und Operationen im Bauchbereich wie Kastrationen, Geburtsverletzungen, verspannter Muskulatur des Bewegungsapparates, reduzierter Durchblutung, fehlerhafter Nervenreizweiterleitung (z.B. durch Blockaden der Wirbelsäule), Allergien usw. beruhen. Da alle Bereiche des Körpers über Faszienstrukturen und das nervale System in Verbindung stehen, kann dies langfristig auch zu Einschränkungen in anderen Organ-/Körperbereichen führen.

*Propriozeptionstraining* ist in den letzten Jahren besonders durch den Einsatz von Balance Pads bekannt geworden. Es steht in enger Verbindung zur neuromuskulären Stabilisierung, Koordination und Tiefenwahrnehmung. Beim Training mit Wippen kann man den Grad der Instabilität durch variable Unterlagerung mit festen und elastischen Materialien exakt an den aktuellen Trainingszustand des Pferdes anpassen und kleinschrittig erhöhen. Bei vielen Pferden liegt die Differenz zwischen »kann ich noch« und »das ist zu viel, ich kann es nicht mehr stabilisieren«, bei Millimetern bis wenigen Zentimetern mehr Wippenausschlag. Je größer der Ausschlag der Wippe im Trainingsprozess wird, desto mehr Rezeptoren (Sinneszellen) können aufgrund der wechselnden Gelenkstellungen angesprochen werden. Rezeptoren messen die Stellung, Bewegungen, Belastungen von Gelenken und der umliegenden Muskulatur und Bänder. Diese Informationen werden im zentralen Nervensystem analysiert und die Spannung innerhalb der Muskulatur angepasst.

***Es ist für viele kaum zu glauben, dass Freya diese Figur ausschließlich durch True Horse Agility mit all seinen Geräten hat.***

Dies stellt sicher, dass die Gelenke in angepasster Intensität durch die Muskulatur stabilisiert und somit vor schädlichen Krafteinwirkungen geschützt werden. Wird auf verschiedenen Wippen (Zweibein- und Ganzkörperwippe) und mit unterschiedlichen Wipptechniken trainiert, erhöht sich dieser Effekt zusätzlich. Das Pferd kann in jeder Lebenslage gut ausbalanciert agieren und Fehlspannungen der Muskulatur, Verletzungen und vorzeitiger Verschleiß der Gelenke werden reduziert.

Häufiges Stolpern, unsicheres Gangbild, aber auch *Verhaltensauffälligkeiten* speziell bei unebenen Bodenverhältnissen könnten Anzeichen eines Defizites in der neuromuskulären Stabilisierung und mangelndem Gleichgewicht sein. Als Fluchttier gehört ein gut funktionierender und ausbalancierter Körper zu der Überlebensstrategie des Pferdes. Treten Defizite der Koordination auf, verursacht dies beim Pferd Unsicherheit bis hin zu Ängsten. Häufig äußert sich dies in vermeidlichen Widersetzlichkeiten oder auch in aggressivem Verhalten in entsprechenden Situationen.

Diese Faktoren wirken auch beim *Anhängerfahren* beängstigend auf einige Pferde, da solche Empfindungen in ihrem normalen Alltag so gut wie nie auftreten. Ein Kontrollverlust über ihren Körper und damit verbunden eine reduzierte Fluchtfähigkeit erzeugt bei einem Fluchttier starke Stresssituationen. Wippentraining eignet sich hervorragend als vorbereitende Maßnahme zum *Verladetraining*. Hier lernt das Pferd mit freiem Blickfeld gezielt auf unbekannt klingende Untergründe zu treten, die zudem leichte Schwingungen verursachen. Der bewegliche Untergrund versetzt das Pferd passiv in Bewegung, dadurch kann es völlig stressfrei Strategien entwickeln, sich auszubalancieren und zu stabilisieren.

Nina Steigerwald und die von ihr ausgebildeten Trainer erarbeiten das korrekte Wippen mit Hilfe von **positiver Verstärkung** mit Futterlob (auch bekannt als **Clickertraining**). Mit dieser Methode und geschicktem Einsatz der Futterpunkte gelingt es dem Pferd, die gewünschten Bewegungsabläufe sicher und schnell zu erlernen. Hier kann es sich in seinem Körper ausprobieren, selbstständig funktionelle Bewegungsabläufe und damit ein gutes Körpergefühl entwickeln.
Zudem erhält der Mensch durch diese druck- und zwanglose Trainingsform ein ständiges Feedback vom Pferd, auf das er sofort in seinem Trainingsplan reagieren kann. Das Pferd hat die Möglichkeit, zu jeder Zeit aus dem Trainingsprozess auszusteigen. Dies wird es in der Regel aber nur dann tun, wenn physische und/oder psychische Grenzen erreicht werden und bietet so eine wichtige Information für den Trainer und den weiteren Trainingsprozess.

Ich wünsche allen Pferd-Mensch-Teams viel Erfolg mit diesem fortschrittlichen gymnastizierenden Geräteturnen.

*Eva-Marie Essers*

## Warum wippen?

Es sind oft kleine, feine Bewegungen, die den Unterschied machen. Hierbei werden Koordination und Feinmotorik geschult. Durch den Faktor Instabilität ist der gesamte Bewegungsapparat bestrebt, sich immer wieder gegen die Schwerkraft auszurichten. Permanente Muskelaktivitäten in der Tiefe sind die Folge.

Die Bewegungen auf den Wipp- und Wackelgeräten erfordern zudem nicht-gewohnheitsmäßige Aktivitäten der gesamten Muskulatur unseres Pferdes. Hierdurch können Reaktionsmuster, die aus Stress entstanden sind, gelöst werden. Unser Pferd hat die Möglichkeit, seinen Körper anders wahrzunehmen und zu benutzen. Diese Idee stammt von Moshe Feldenkrais. Er hat die Theorie vertreten, dass der Mensch zum Leben nur gewohnheitsmäßige Muster neuronaler Reaktionen entwickelt und diese in Gehirnzellen und Muskeln gespeichert werden. Durch Bewegungen außerhalb dieser Muster werden neue Gehirnzellen angeregt und so bislang ungenutzte neuronale Wege erschlossen.

Linda Tellington-Jones hat Feldenkrais Theorien auf Pferde übertragen und mit ihrer Methode der Pferdewelt bewiesen, dass sie stimmen. Unsere Pferde werden also nicht nur sportlich, sondern auch schlau, wenn wir sie auf Wackelgeräten turnen lassen.

*Diese Wippe ist die »Urmutter« aller Steigerwald-Wippen.*

## Womit wippen?

Als 2010 das Buch »Clickerfitte Pferde« (ebenfalls im Verlag Müller Rüschlikon erschienen) entstand, gab es auf Hof Steigerwald nur eine einzige Wippe. Sie war vier Meter lang, achtzig Zentimeter breit und hatte ein fünfzehn Zentimeter starkes Rundholz in der Mitte. Das war der Wippen-Standard, wie man ihn auch aus dem Trailparcours kannte. Seitdem hat sich sehr viel bei unseren Pferdewippen getan. Alle der 10 verschiedenen Steigerwald.T-Wippentypen haben Kufen an der Unterseite. Sie trainieren durch ihre Einzigartigkeit in Durchmesser zu Länge der Pferde die Muskulatur auf vielfältigste Art und Weise.

Der wichtigste Unterschied zu allem, womit sonst landauf, landab gewippt wird, besteht in dem, was unter der Lauffläche ist. Bei einem Rundholz gibt es immer ein relativ hartes Bewegungsende mit dem Sound Pock-pock.

Wir haben selbst mit so einer Wippe viele schöne Trainingsmöglichkeiten, aber es geht noch hübscher. Eine solche Wippe hat nur einen Kipp-Punkt, man kann die Reaktion mit der eines Ma-

***Alle Steigerwald.T-Pferdewippen haben seit einiger Zeit Kufen für sanftes Schwingen.***

gneten vergleichen – ist die einwirkende Kraft groß genug, passiert etwas und dann meist zügig. Unser Pferd muss also die Energie aufwenden, die so groß ist, dass die Wippe umschlägt. Dann gilt es, die Bewegungs- und Landeenergie abzufangen. Schauen wir uns den Moment an, in dem die Wippe auf dem Boden aufkommt. Wenn so eine große Masse wie bei einem Pferd mit Schwung aufkommt, gibt es einen Stoß, der durch alle Gelenke geht. Am Eindrucklichsten ist es, wenn wir uns selbst einmal mittig auf ein Brett stellen, das auf einem Rundholz aufliegt. Gerade als Wippen-Neuling kann man die Intensität der Bewegung, die wir brauchen, noch gar nicht abschätzen. Also bringen wir fleißig Gewicht auf die gewünschte Seite und plötzlich – hui! – sind wir unten angelangt. Das kann unangenehm sein. Auf jedem Kinderspielplatz waren früher Autoreifen eingebuddelt, um den Stoß eines Spielgerätes abzufangen. Ich habe bei meinen Recherchen auch schon Konstruktionen entdeckt, in denen starke Federn in einem Kasten oberhalb des Balkens das Bewegungsende dämpfen. Nur: Wie soll man das bei einer Pferdewippe realisieren? Die lange Wippe wurde »aufgebockt«, vier Kanthölzer brachten eine Höhe, die Reifen als Puffer zuließ. Das Wippen mit Pferden war geboren. Ich stand am Ende der Wippe und das jeweilige Pferd etwas hinter dem Mittelpunkt. Durch seine Gewichtsverlagerung wippten wir wunderbar abgefedert auf und ab. Natürlich konnte man sie auch »nur« mit Pferd nutzen, aber sie war trotz ihres Gewichtes relativ schnell und wegen ihrer Höhe nichts für Wippen-Anfänger. Das gleiche gilt für die Super-Wippe: gleiches Brett, andere Unterkonstruktion aus Scheunenfund-Bögen. Sie ist durch einen verlängerten Rollweg schon langsamer, aber für wenig trainierte Pferde zu steil und braucht mehr als einen Autoreifen, um komfortabel für die Gelenke am Ausschlagende zu sein.

Eine Wippe mit fünfzehn Zentimeter Rundholz in der Mitte und lediglich Platz für genau ein Pferd sollte Wippentraining durch die geringere Höhe und den geringeren Ausschlag auch für ungeübte Pferde möglich machen. Gerade der Moment, in dem das Pferd sein Gewicht nach hinten verlagert, hat einen tollen Trainingseffekt für die Muskulatur von Bauch und Hinterhand. Ich polsterte die Ecken mit Gummibällen ab und nutze diese Wippe nur auf weichem Untergrund. Hier konnten jetzt auch Pferde wippen, die nur ab und zu Turntraining machten. Dennoch war mir das Bewegungsende immer noch zu hart. Natürlich fällt es trainierten Pferden immer leichter, dies über die Anspan-

***Prinz hat dank des Wippentrainings auch mit seinen stolzen 36 Jahren eine gute Figur.***

***Auch bei gefrorenem Boden kann der 4-jährige Ender mit Wippentraining sinnvoll gymnastiziert und auf seine Aufgabe als Reitpferd vorbereitet werden.***

nung der Muskulatur zu steuern und abzufangen. Aber bis das Training so weit fortgeschritten ist, werden alle Gelenke dem abrupten Aufkommen ausgesetzt.

## Auf der Suche

Ich wollte eine Wippe haben, die gelenkschonend die Tiefenmuskulatur trainiert, auf der die Bauchmuskeln kräftig arbeiten müssen und die Oberlinie gedehnt wird. Heraus kamen die Mörderwippe und die schnelle Wippe – großartiger Trainingseffekt, aber leider auch nichts für das Ottonormal-Pferd.

Mehrere kaputte Sägeblätter später war die Ganzkörperwippe 4.1 zum Einsatz bereit und ist heute leicht modifiziert als Steigerwald.T 1000 bis T-2000 die Wippe für Einsteiger und Profis. Sie hat eine geringe Höhe, einen verhältnismäßig geringen Ausschlag, ist auch als Vorder- und Hinterhandwippe nutzbar und lässt sich für den Anfang in der »Wackeligkeit« modifizieren.

## Trainingsaufbau

Selbst wenn unser Pferd schon auf unbekannte Untergründe steigt, müssen wir uns darüber im Klaren sein, dass wir bei der Wippe mehrere Komponenten haben, die vorher einzeln zu trainieren sind, damit gut, sicher und effektiv damit geturnt wird. Dies sind die Höhe, das Stehen auf einer begrenzten Fläche und einem Untergrund, der sich bewegt. Zu allererst sollte unser Pferd in der Lage sein, alle vier Hufe auf eine Fläche, die der der Wippe entspricht, zu setzen (s.S.67). Das kann eine Matte sein oder auch eine Siebdruckplatte. Bei starren und/oder deutlich nachgebenden Materialien haben wir dann das

*Die Ganzkörperwippe T-1500 ist mit 40 kg noch gut mit der Sackkarre zu bewegen.*

veränderte Gefühl und Geräusch beim Auffußen schon mit trainiert.

Beim Training auf einer Ganzkörperwippe wird schnell deutlich, warum es so wichtig ist, dass unser Pferd lernt, unbedingt sofort alle vier Hufe auf die Unterlage zu setzen. Angenommen, es würde vorne einen Schritt von der Wippe herunter machen, um den letzten Hinterhuf hinauf zu bekommen. Zum einen steht es dann bergab und die Tendenz, diese wackelige Angelegenheit mit einem weiteren Schritt nach vorne direkt zu verlassen, ist relativ hoch. Zum anderen ist es eine ungleich größere Herausforderung für die Motorik, diesen einen Huf wieder zurückzubekommen, wenn in dem Moment auch noch die Wippe nach hinten kippt. Ist der letzte Huf der »Ausreißer«, weil unser Pferd noch nicht gelernt hat, dass ein auf dem Boden verbleibendes Bein zwar Sicherheit gibt, aber leider nicht erwünscht ist, dann kippt die

Pylonen und ein schrittweiser Trainingsaufbau helfen unserem Pferd immer, die Unterlage gerade mit allen vier Hufen zu betreten.

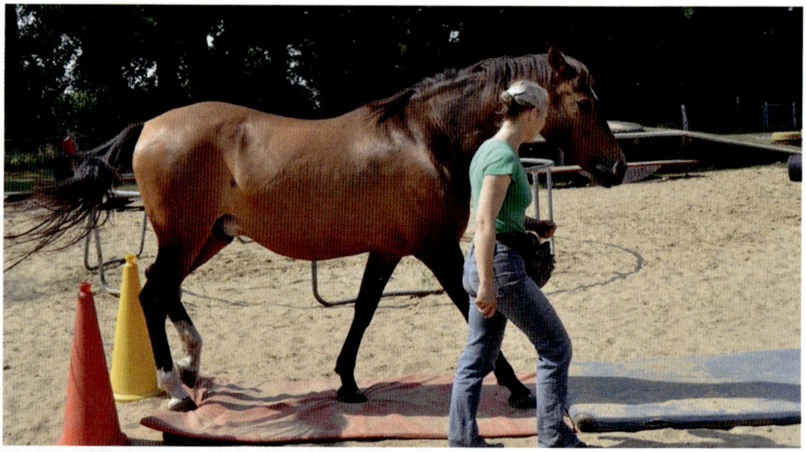

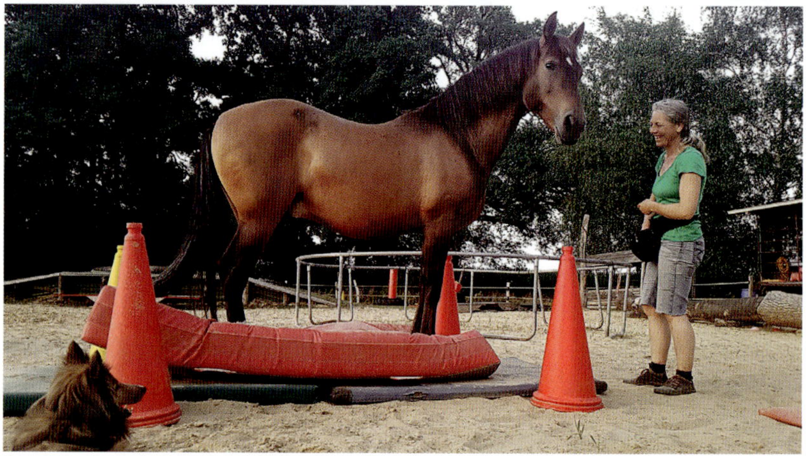

Wippe auch schon nach vorne und das Bein muss sich deutlich mehr beugen, um hinaufzukommen. In dem Moment, in dem es das tut, wird die Wippe natürlich nach hinten kippen – mit einem Pferd, was sich noch nicht auf diesem Gerät ausbalancieren kann. Es ist gerade bei Turngeräten oberste Priorität, alle möglichen Fehlerquellen zu identifizieren und unser Training darauf auszurichten. Das sind wir unserem Pferd schuldig.

Warum nicht erst die Ganzkörperwippe als Zweibein-Wippe für die Vorhand nutzen, damit unser Pferd mit dem Ausschlag vertraut gemacht wird, sich einige Clicks auf der Wippe verdient und diese so positiv »aufgeladen« wird? Ist es nicht sinnvoll, erst das Einfache zu machen? Diese Frage mag sich der aufmerksame Leser stellen und hat in gewissem Rahmen recht. Rufen wir uns aber noch einmal das Matching Law (s. S.15) ins Gedächtnis.

**Live-Coaching 3: Ganzkörperwippe – Wippbewegungen erzeugen durch Futterpunkte**

*Nico bekommt Vertrauen zur Instabilität und betritt sicher die Wippe.*

**http://mein.mueller-rueschlikon.de/42167/03.mp4**

Wenn unser Pferd sich schon fünfzig Clicks nur mit der Vorhand auf der Wippe verdient hat, ist das ein schönes Training für die Muskulatur. Es ist nur nicht annähernd so anspruchsvoll wie die Variante ohne zwei Hufe auf sicherem Untergrund. Wir würden mit so einem Vorgehen die Wahrscheinlichkeit verringern, dass unser Pferd flüssig und gerne mit allen Vieren auf die Ganzkörperwippe steigt. Haben wir dies erst einmal erfolgreich trainiert, ist es auch eine zusätzliche Möglichkeit, unser Pferd turnen zu lassen.

**Die Voraussetzungen für schönes Wippentraining**

- Höflichkeit vor allem auf 6 Uhr
- Auf Signal stehen bleiben und mitkommen, fremde Untergründe betreten
- Einzelne Hufe auf Signal bewegen: vor, zurück, zur Seite
- Sich ggf. modeln lassen
- Gewichtsverlagerung mit Futterpunkten
- Gut zugängliche Futtertasche
- Hochwertiges, möglichst kleinteiliges Futter
- Unterlage für die Wippe
- Material zum Abpolstern
- Ggf. Matte

## Wege zum Wippen – die Trainingsschritte

Würden Pferde unsere Worte verstehen, könnten wir ihnen sagen: »Geh bitte auf die Wippe, bleib stehen und setze das Gerät so in Bewegung, dass in erster Linie deine Rumpfmuskulatur arbeitet. Finde einen Rhythmus der Gewichtsverlagerung, der einen maximalen Ausschlag jeweils nach vorne und nach hinten bewirkt. Hierbei behalte deine Nasenlinie stets in der Senkrechten.« Schaut man sich unsere Wünsche so an, wird schnell klar, wie komplex und vielschichtig Wippentraining ist. Zum Glück gibt es im Clickertraining einen bunten Strauß an Möglichkeiten, die zum Einsatz kommen können, unser Anliegen verständlich auszudrücken.

Eines der sogenannten Trainingssyteme bei der Arbeit mit positiver Verstärkung nennt sich Shaping oder Shapen und beschreibt die schrittweise Annäherung an unser Zielverhalten. Hierbei werden auch Verhalten bestärkt, die wir eigentlich später nicht mehr haben wollen. Es erfordert ein gutes Auge, einen schnellen Daumen und eine präzise Beobachtung der einzelnen Bewegungskomponenten. Um dies zu üben, setzen sich viele Trainer vor ein Video, z.B. ein Tennismatch und betätigen die Pause-Taste, wenn der Schläger den Ball berührt. So hat man sofort Feedback, ob man genau genug beobachtet hat und schnell genug reagieren konnte.

Wenn wir auf der Wippe nur shapen, clicken und füttern wir zu Beginn die kleinste Gewichtsverlagerung des Rumpfes, sei es nach vorne oder nach hinten. Unser Pferd hat die Wippe betreten, alle vier Hufe stehen fest auf dem Untergrund und sobald wir eine Veränderung sehen, wird geclickt. Es ist auch egal, ob dieses willkürlich geschehen ist oder eine Ausgleichsbewegung der Instabilität war. Nach dem Füttern beobachten wir wieder genau, was sich tut, um den nächsten Moment des Wackelns wieder einfangen zu können. Nach ein paar Wiederholungen wird unser Pferd aktiv die Bewegungen anbieten, was wir weiter verstärken. Und dann beginnt die Kunst des Shapens: Die schwächeren Bewegungen werden nicht mehr geclickt. Um das beurteilen

*So soll es einmal aussehen.*

*Maximaler Ausschlag auf der Ganzkörperwippe.*

zu können, brauchen wir ein gutes inneres Bild von dem, was bisher gezeigt wurde. Eine Videodokumentation des Trainings leistet wertvolle Hilfe. Nur dann wissen wir, was an »Mehr« wir von unserem Pferd verlangen können. Verlangen wir zu viel, kann unser Pferd es nicht leisten. Verlangen wir zu wenig, wird es keinen Grund haben, sich mehr anzustrengen. Muskulatur wächst aber nur durch Aktivität.

Es empfiehlt sich nicht nur beim gymnastizierenden Geräteturnen, genau auf den Pferdekörper zu schauen. Am besten konzentriert man sich auf einen Bereich wie z.B. den hinteren Bauch oder die Brustmuskulatur und nicht auf die Wippe. Zu Beginn meines Wippentrainings habe ich nämlich genau den Fehler gemacht und den Ausschlag des Gerätes beobachtet und die Clicks entsprechend gesetzt. Die Wippe bewegte sich wunderbar, aber eines meiner Pferde beugte ein Karpalgelenk und ein anderes nahm nur den Kopf

*Auch wenn Aron die Last schön nach hinten verlagert, möchten wir diese Art der Bewegung nicht fördern.*

hoch und runter. Diese Wipper sind schneller und dynamischer, aber nicht Ziel unseres Trainings. Natürlich ist Verhalten plastisch und man kann mit dem entsprechenden Wissen alles »reparieren«, aber es ist sinnvoller, gleich von Anfang an nur das richtige Verhalten zu verstärken.

Vorteil des Shapens: Unser Pferd bleibt im Spiel, weil die Belohnungsrate höher ist als bei 100 % des Zielverhaltens. Vor allem kann sich bei so einem Aufbau die Muskulatur an die Aufgaben gewöhnen. Der Nachteil: Manche Pferde verharren bewegungslos auf der Wippe, um aufkommende Instabilität zu vermeiden bzw. wissen sie natürlich noch nicht, was sich in dieser Situation lohnt.

Alternativ bieten sie Verhalten wie Bewegungen von Kopf und Hals oder Schritte auf dem Gerät an. Dies sind für das Wippen ungünstige Bewegungen! Clicken wir dies jedoch nicht, bricht uns unsere Belohnungsrate zusammen und unser Pferd steigt ggf. aus. Wenn keine Verhalten mehr angeboten werden, kann ich auch keine mehr verstärken. Ein echtes Dilemma, dem das nächste folgt: Clicken wir Verhalten, die bewegungsphysiologisch ungünstig sind, werden sie dennoch wieder gezeigt, weil sie als »sich lohnend« abgespeichert werden.

Eine elegante Möglichkeit bei einer so anspruchsvollen Aufgabe wie dem Wippentraining mit aktiven »Wipp-Wapps«, ist der Einsatz von Futterpunkten. Ein Futterpunkt ist der Ort, an dem nach dem Verhalten und dem Click das Futter angereicht wird. Wir dürfen ihn nicht mit einem Lockpunkt verwechseln, bei dem Futter so präsentiert wird, dass Verhalten gezeigt wird. Beim Wippentraining arbeite ich nicht mit Lockpunkten, weil sie eine unglaubliche Fixierung auf die Futterhand bewirken. Dies führt zu einer rapiden Abnahme der zuvor trainierten und sehr sinnvollen Höflichkeit des Pferdes. Wenn unser Pferd nur nach dem Essen schielt und sich dorthin reckt, bekommt es außerdem gar nicht mit, was in seiner Rumpfmuskulatur überhaupt geschieht.

**Live-Coaching 4: Ganzkörperwippe – Betreten und instabiler werden**

***Schöne Wippbewegungen erzeugen wir über den Einsatz von Futterpunkten.***

***http://mein.mueller-rueschlikon.de/42167/04.mp4***

**Futterpunkt**

- Ort, an dem das Pferd nach dem Click sein Futter aufnimmt
- Standard-Futterpunkt:
  Leichte Dehnungshaltung mittig vor der Pferdebrust
- Kann je nach Aufgabe und gewünschtem Effekt variieren
- Erst Training auf dem Boden ohne Gerät
- Hilfreich: Belohnungsfutter wie Hafer, Müsli oder sehr kleine Stücke
- Wichtig: Die Hand erst am Maul andocken, dann erst in die gewünschte Richtung verschieben!

Beim Aufbau der Aufgabe »Kopf senken« füttern wir z.B. nach dem Click auf der Höhe des Fesselgelenkes. So werden der Ort bzw. die Körperhaltung attraktiver gemacht. Wenn es dann im weiteren Verlauf auch um Signalkontrolle geht, füttern wir unser Pferd hoch, damit wir einen guten Startpunkt und viele Wiederholungen auf das Verhalten bekommen. Es gibt also nicht den ultimativen Futterpunkt, wir passen ihn möglichst immer dem jeweiligen Trainingsschritt zielführend an.

Das in der Lerntheorie geltende Gesetz von antecedent, behavior und consequences besagt, dass etwas vorher Stattfindendes, nämlich unser »A«, unserem Pferd mitteilt, dass sein Verhalten »B« zu einer gewünschten Konsequenz, dem »C«, führt.
A : B → C
Wir machen es uns wie folgt zu Nutze:

Der Merksatz hierzu lautet:
*Warte nicht darauf, dass etwas geschieht.*
*Sorge dafür, dass es geschieht.*

So laufen Lernen und Training deutlich leichter ab, weil unser Pferd nicht lange herumrätseln muss, was sich gerade eigentlich lohnt.

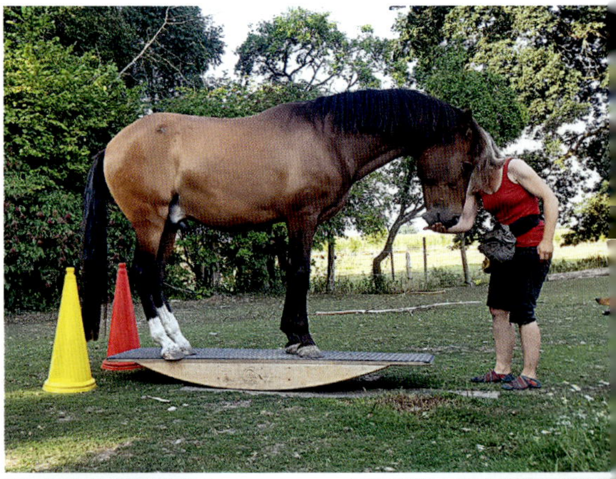

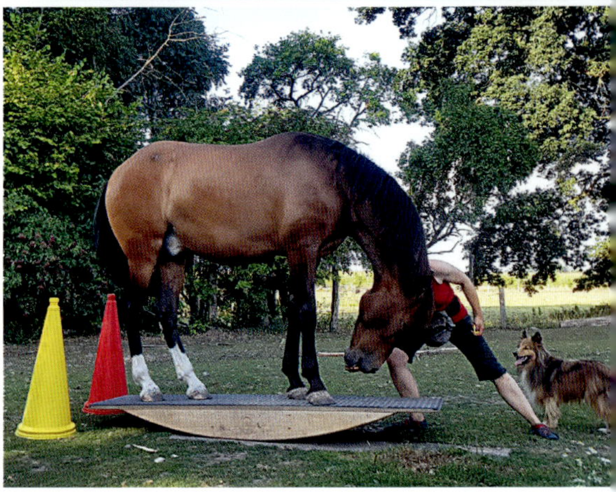

***Mit der Hand am Maul geht es nach dem Click nach hinten-unten.***

Der Futterpunkt (A) *kreiert eine gute Ausgangsposition für*

↓

die Wippbewegung (B) = *Resultat aus der geschaffenen Instabilität*

↓

Click und Futter (C), wobei hier C = A ist und wir sofort wieder beim nächsten B sind.

## Die Anwendung der Futterpunkte zum Wippen

Beherrscht unser Pferd die Voraussetzungen und hat es das Konzept »alle vier Hufe rauf« mit dem entsprechenden Signal verknüpft, sind wir bereit für das Training der »Wipp-Wapps«.

**Schritt 1:** Wir legen Turnmatten, Holzbalken oder Schaumstoffrollen so unter die Wippe, dass sie nur einen Ausschlag von fünf Zentimetern pro Seite hat. Auf einem Sandplatz kann man sie auch gut »versenken«. Wir sichern den Aufgang mit zwei Pylonen, stellen unser Pferd gerade vor die Wippe und geben das Signal zum Betreten. Jeder einzelne Huf, der sich vorwärtsbewegt, wird geclickt. In dem Moment, in dem die Wippe umschlägt, gibt es Click und Spezialkeks. Nach zwei bis drei Clicks für Stehen geht es sofort auf unser Signal hin wieder runter.

**Schritt 2:** Jetzt gibt es nur noch C+B für den letzten Huf, der die Wippe betritt. Steht unser Pferd höflich nach dem Füttern, clicken wir es sofort wieder für die bloße Anwesenheit auf der Wippe. Dann docken wir mit der Futterhand ans Maul an, lassen unser Pferd mit den Lippen ein paar Krümel heraussammeln und bewegen die Hand währenddessen nach hinten-unten. Am Zielort geben wir das Futter komplett frei. Wo genau dieser Ort ist, müssen wir bei jedem Pferd und jeder Position neu herausfinden. Jede Muskulatur ist anders, jede Halswirbelsäule unterschiedlich flexibel, und bei jedem Durchgang steht unser Pferd etwas anders auf der Wippe. Ideal ist es, bei gerader Nasenlinie anzudocken, um dann in einem sanften Bogen das Maul mitzunehmen. Bei manchen Pferden kippt die Wippe nach hinten, wenn das Maul an bzw. zwischen den Karpalgelenken ist, bei manchen passiert erst etwas, wenn wir in Richtung Kronsaum gehen.

*Luca ist interessiert.*

*Hier kann sie die Größe der Wippe noch nicht richtig einschätzen.*

*Geschafft!*

*Auf der Suche nach der richtigen Position.*

Es gibt keinen richtigen Futterpunkt, es gibt nur einen Futterpunkt, der dafür sorgt, dass dieses Pferd in dieser Position auf dieser Wippe nach hinten kippt.

Geschieht dies, ziehen wir die Hand wieder nach vorne weg und greifen die nächste Portion Futter, denn unser Pferd wird automatisch wieder nach vorne kippen. Diese Bewegung, auch wenn sie nicht willkürlich ist, clicken wir sofort, um dann direkt wieder in die Instabilität zu füttern. Nach fünf bis zehn Clicks verlassen wir die Wippe und wiederholen das Ganze. Hierbei beobachten wir gut, ob unsere ergriffenen Maßnahmen auch von Erfolg gekrönt sind. Kippt die Wippe wirklich nach hinten? Bleibt das Pferdemaul lang genug angedockt, um die Bewegung auszulösen? Bin ich schnell genug, um den Nach-vorne-Moment zu erwischen? Wird die Fresstechnik unseres Pferdes eiliger und zeigt es uns damit, dass es Stress in der Instabilität oder aufgrund etwas anderem im Training hat?

**Schritt 3:** Ist alles im grünen Bereich, reduzieren wir die Polsterung so, dass die Wippe einen Ausschlag von ca. zehn Zentimetern hat, und gehen vor wir in Schritt 2. Ein paar Wiederholungen zeigen uns, wie gut unser Pferd die Aufgabe bewältigen kann. Betritt es immer noch etwas zögerlich die Wippe, sollten wir unbedingt die Intensität der Wippbewegungen reduzieren.
Die Entscheidung, die Wippe ungebremst einzusetzen, müssen wir anhand der Fähigkeiten unseres Pferdes treffen. Es kann durchaus sein, dass unser Pferd vom Wippen anfangs Muskelkater bekommt, weil sich die entsprechenden Muskeln noch gar nicht auf diese Arbeit eingestellt haben. Gehen wir also beim Wippentraining sachte voran und erfreuen uns an den immer strafferen Bauchmuskeln unseres Pferdes.

**Schritt 4:** Wir clicken das Betreten, geben evtl. ein Signal zur besseren Positionierung oder setzen einen Huf um und docken mit dem Futter am Pferdemaul an, um dann durch das Mitnehmen des Pferdemauls ein Nach-hinten-Kippen auszulösen. Wir richten uns wieder auf, unser Pferd kippt nach vorne, wir clicken diese Bewegung und füttern wieder nach hinten. Nach 10–15 Wiederholungen verlassen wir das Gerät und beginnen neu.

**Schritt 5:** Hier positionieren wir unser Pferd so, dass es von selbst nach hinten kippen würde und füttern nach vorne-unten. Hier gilt auch, dass wir den idealen Futterpunkt erst finden müssen. Wenn wir unsere Hand dann in Richtung Ende der Wippe wegziehen, kippt unser Pferd nach hinten, clicken, wieder nach vorne füttern. Der Vorteil bei dieser Vorgehensweise ist ein permanent tiefer Kopf auf der Wippe. So kommen wir gar nicht in den Risikobereich der Unterhalsmuskulatur. Nach 10–15 Wiederholungen verlassen wir das Gerät und beginnen neu. Wie oft wir Schritt 4 und 5 wiederholen müssen, hängt von vielen Faktoren ab.

**Schritt 6:** Ab hier lassen wir immer mal einen Click aus, um zu sehen, ob unser Pferd von selbst eine der Bewegungen macht. Wenn ja:

*Ein so engagierter Aufgang zeigt schon viel Erfahrung.*

große Freude, clicken und füttern. Manchmal geschieht der Fehler, dass wir meinen, unser Pferd hätte jetzt die Aufgabe »verstanden«. Schauen wir uns die Belohnungsgeschichte auf der Wippe an, gab es aber bislang sehr viel mehr für eben nicht das eigenständige Wippen in gewünschter Körperhaltung mit dem entsprechenden Bewegungsausmaß. Holen wir also unser Pferd immer wieder durch Clicken einer kleinen Bewegung ab, um dann wieder mit den Futterpunkten die richtige Dynamik zu erzeugen. Nach 3–4 Clicks lassen wir dann wieder einen aus, um zu überprüfen, ob eine Willkürbewegung stattfindet. Diese bestärken wir mit Click und Futter, was wir im Weiteren auch in der Normalposition anreichen. So wird unser Pferd immer unabhängiger von den Futterpunkten und wir sind bereit für …

*Lucky trickst, indem er das linke Vorderbein be- und entlastet.*

**Schritt 7:** Wir clicken nur noch willkürliche Wipp-Aktivitäten. Sie sollten in Intensität und Körperposition so für unser Pferd auszuführen sein, dass sie in mindestens 80 % der Versuche angeboten werden. Hier steigern wir dann Schritt für Schritt unsere Ansprüche in Bezug auf die Qualität der Ausführung. Mal werden die Bewegungen nach vorne schwächer sein, mal die nach hinten. Wir sollten immer den Fokus auf einem gleichmäßigen Wechsel der Anspannungen haben. Wenn wir immer nur die Nach-hinten-Bewegung verstärken, wird unser Pferd sich wunderbar nach hinten lehnen – und dann einfach nur loslassen.

Aber gerade das Wechselspiel zwischen Anspannung und Dehnung hat die besten Effekte. Selbst bei meinen Wippen-erprobten Ponys habe ich noch eine sehr hohe Belohnungsrate, um immer wieder die besten Bewegungen einzufangen und um sie zu motivieren, alles zu geben.

## Hankenbeugung

Eine Sonderform ist das Wippen mit Hankenbeugung. Es macht gerade für das Becken und die Hinterhand einen enormen Unterschied, ob wie bei den »Crunches« die Beine gestreckt sind oder nicht. Aber auch hier gilt: In der Vielfalt der Bewegungen liegt der Charme, wobei tendenziell gerade bei einem gerittenen Pferd die Hankenbeugung im Vordergrund stehen sollte, damit es mit dem Reitergewicht besser zurechtkommt.
Vorher sollten wir Schweifrüben-, Sitzbeinhöcker- und Knietarget (siehe »Clickerfitte Pferde«) trainieren, um unserem Pferd ein gutes Gefühl für die Beugung seiner Hinterhand zu ermöglichen. Der Schweifrübentarget kann außerdem noch als Signal für die Hankenbeugung genommen werden.

Wir stellen unser Pferd hierfür tendenziell sehr weit nach hinten auf die Wippe und clicken immer nur die aktivsten Bewegungen nach hinten. So shapen wir mehr und mehr Anstrengungen. Für das Training ist eine zweite Person extrem hilfreich, die mit etwas Abstand das Training beobachtet und so mit scharfem Auge den richtigen Moment bestärkt. Wir suchen uns eine markante Zone am Pferdekörper, an der wir genau erkennen können, ob wirklich die Gelenke der Hinterhand aktiv gebeugt werden. Dies können entweder das Knie oder das Sprunggelenk sein. Achtung, der Fesselkopf ist

***So schön können Wippbewegungen mit dem entsprechenden Training werden.***

ungeeignet, weil er sich auch bei Gewichtsverlagerung mit gestrecktem Hinterbein Richtung Boden bewegt!

Die zweite Person kann beidseitig ein Signal für den Knietarget geben. Die meisten Pferde werden ihn wegen der Instabilität und des Trainingskontextes erst einmal nicht auf der Wippe ausführen. Wir wecken hiermit Bewusstsein für diese Körperregion und die damit verbundene Aktion. Im weiteren Verlauf setzen wir den Clickpunkt auf ein leichtes Anbeugen des Knies oder des Sprunggelenks.

Ein Targetstab kann zum Einsatz kommen, wenn unser Pferd dazu neigt, sich vorne hochzuziehen anstatt hinten abzusenken. Er hilft uns, den Pferdekopf in der richtigen Höhe zu behalten. Zudem füttern wir immer schön tief, damit die Grundtendenz der Bewegungsrichtung eindeutig ist. Durch den starken Fokus auf die Rückwärtsbewegung kann es sein, dass unser Pferd kaum noch die Bewegung aktiv nach vorne anbietet. Zum Erhalt von Wipp-Wapps sollten wir also auch immer mal ein gutes Nach-vorne-unten clicken.

*Hier sehen wir deutlich eine Veränderung des Winkels im Sprunggelenk.*

## Signale

Was die Signale beim Wippen betrifft, haben wir verschiedene Optionen. Der bequemere Weg ist das Wippen aus dem Kontext heraus. Unser Pferd lernt hierbei, die Wippe in Bewegung zu halten, während wir davor oder daneben stehen. Die sogenannte Propriozeption, die Tiefenwahrnehmung der Position von Muskeln, Sehnen und Bändern, gibt unserem Pferd die Information, ob es sein Gewicht nach vorne oder hinten verlagern soll. Wir können dabei darauf achten, vor allem die Nach-hinten-Bewegung zu bestärken. Der Nachteil liegt darin, dass Pferde mit einer hohen »Wippen-Belohnungsgeschichte« auf anderen instabilen Untergründen auch dieses Bewegungsmuster anbieten.

Wir können jede Vor- und Zurück-Bewegung auf das Signal unseres vor- oder zurückgeneigten Oberkörpers setzen. Damit ist es sogar möglich, Stillhalten auf der Wippe zu trainieren. Der Königsweg ist ein einzelnes Signal für die Verhaltenskette »auf die Wippe steigen und das Gewicht immer wieder vor und zurück verlagern, bis ein anderes Signal kommt«.

*Da diese Übung mit sehr viel Kraftaufwand verbunden ist, müssen wir unbedingt auf den Unterhals achten!*

**Wichtig! Beim Wippentraining von Anfang an auf eine schöne Kopf-Hals-Haltung achten und immer nur clicken, wenn alle vier Hufe fest auf der Unterlage fußen.**

Beim Abgang von der Ganzkörperwippe sollten die Hinterbeine unseres Pferdes möglichst kleine Schritte machen. Indem wir uns hierbei direkt vor es stellen, erreichen wir das. So kann die Wippe nicht plötzlich durch ungünstige Gewichtsverlagerung gegen einen Huf schlagen, der gerade abgesetzt werden soll.

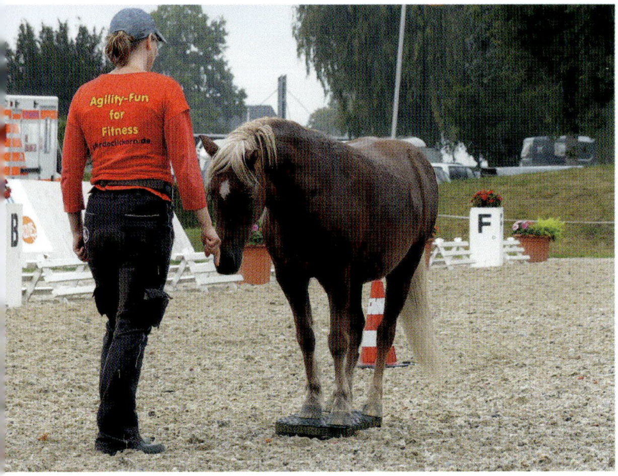


*Obwohl er vorher galoppiert ist, konzentriert sich Amadeus voll auf seine Aufgabe.*

*Die Ganzkörperwippe hat ihren Namen daher, weil der ganze Pferdekörper trainiert wird und ihre Stellfläche ziemlich genau der Pferderumpflänge angepasst ist.*

## Positionierung auf der Pferdewippe

Haben wir eine Wippe, die länger als unser Pferd ist, stellt sich natürlich die Frage, wo wir es im Training idealerweise positionieren. In der Phase »ohne Polster, frei schwingend auf der Unterlage ohne willkürliche Wippbewegungen« stellen wir unser Pferd natürlich dorthin, wo wir es mit unseren Futterpunkten leicht in die Instabilität bringen können. Aber auch hier gibt es mindestens zwei Möglichkeiten. Möchten wir das Nach-vorne-Wippen clicken, stellen wir es so weit nach vorne, dass es zwar noch möglichst geschmeidig nach hinten zu füttern ist, aber vor allem die Ausgleichsbewegung nach vorne sehr leicht stattfinden kann. Stellen wir unser Pferd weiter hinten auf die Wippe, erhöhen wir nach dem Vorne-Futterpunkt die Wahrscheinlichkeit einer clickenswerten Bewegung nach hinten.

Führt unser Pferd schon aktive, eigenständige Wipper aus, gilt das Motto: Erlaubt ist jede Position, die noch zu schönen Bewegungen führt. Wir können so die Trainingsschwerpunkte verändern und unser Pferd vielseitiger fördern. Auch gibt es nicht nur einen idealen Stand. Steht unser Pferd geschlossen, haben wir den Vorteil einer gleichmäßigen Belastung, zahlen aber den Preis einer geringeren Vielfalt. Ist es eher im Sägebock-Stand, können wir deutlich leichter Wipper auslösen, unser Pferd arbeitet aber weniger mit dem Abkippen des Beckens. Steht es offen, steigt das Risiko von »Trickbewegungen«.

Dafür können wir beim offenen Stand andere Muskelpartien ansprechen. Jede Hufbreite Veränderung variiert das Gleichgewichtsgefüge auf der Wippe und sorgt so für maximale Flexibilität und Aktivierung der Muskulatur.

## Wahl der Wippengröße

Dies erklärt auch, warum man bei der Wahl der Wippe immer eher eine Nummer größer wählen sollte. Natürlich kann sich ein entspre-

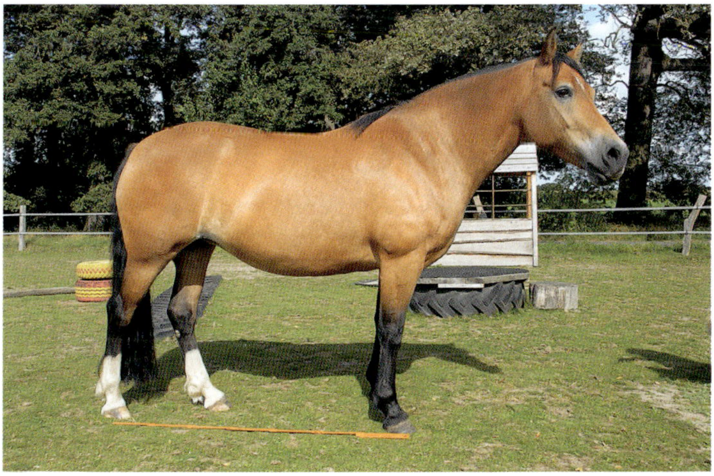

*Freya hat gut 140 cm »Radstand«.*

chend trainiertes Pferd mit 170 cm Stockmaß auch auf einem Modell wie der T-1000 mit 1 m Stellfläche zusammenschieben. Diese Übung nennt sich »die wippende Bergziege«. Es kann dann aber nur auf diese einzige Art wippen, weil für andere Körperpositionen schlichtweg der Platz fehlt.

Um die benötigte Wippengröße zu bekommen, messen wir den »Radstand« unseres Pferdes. Für eine möglichst genaue Einschätzung bietet es sich an, in offenem Stand die Entfernung von der Spitze des Vorderhufs bis zum Ballen des Hinterhufs zu messen. Dann gehen wir ein paar Schritte, bleiben wieder stehen und messen noch einmal. Aus fünf Durchgängen ermitteln wir den Durchschnitt und haben dann unsere ideale Standfläche für das Ganzkörperwippen.

Wippen, die deutlich länger sind als unser Pferd, haben den Vorteil, dass man sich als Mensch auch noch mit auf die Wippe stellen kann. Ein unglaubliches Vergnügen! Natürlich sollte unser Pferd schon einige Erfahrung im Wippen haben und nicht ungefragt Schritte anbieten.

*Bild unten: Matilde kann sich auf einer instabilen Stellfläche von 50 x 100 cm sogar noch kratzen.*

## Modeling als Trainingssystem

Beim Modeln werden das Tier bzw. Teile seines Körpers passiv in die gewünschte Position gebracht. Dieses Sich-bewegen-Lassen wird dann geclickt und gefüttert. Das ist eine wunderbare Möglichkeit, wenn unserem Pferd die gewünschten Bewegungen nicht klar bzw. nicht auf Signal abrufbar sind. Auf der Wippe ist es enorm hilfreich, wenn wir einen Huf unseres Pferdes aufnehmen und einige Zentimeter weiter vor oder zurück hinstellen können und es dann dort Last aufnimmt.

Anfangs haben fast alle Pferde genügend Mühe sich auf der Wippe auszubalancieren. Kommt man dann als Mensch und möchte einen Huf haben, muss unser Pferd sich muskulär komplett anders ausrichten. Dies führt oft dazu, dass einem der Huf nicht gegeben wird. Hat man ihn dann, ist es schwer, ihn woanders zu platzieren, weil sich ja eben das ganze Gefüge wieder ändert. Und wenn der umgestellte Huf belastet wird, verändert sich wieder das Gleichgewicht ...

***Bei solchen Platzverhältnissen brauchen wir nicht über eine Umpositionierung nachzudenken.***

Wie so oft hilft ein Aufsplitten der Aufgaben. Wir beginnen also im Stand auf festem Untergrund, bitten unser Pferd, einen Huf wie zum Auskratzen zu geben und setzen ihn dann eine Hufbreite weiter nach vorne ab. Funktioniert dies, erfolgt der Click in dem Moment der Lastaufnahme. Einige Pferde ziehen jedoch schon, wenn der Huf noch oben ist, gegen die führende Hand. Wir lassen los, merken uns das Bewegungsspiel, welches noch ohne Widerstand möglich war, und probieren es noch einmal. Funktioniert ein weiches Sich-führen-Lassen immer noch nicht, lassen wir wieder los und clicken wir im dritten Durchgang einige Zentimeter vor dem kniffeligen Bereich, lassen den Huf ab und füttern. Nach fünf Wiederholungen fragen wir erneut an, ob jetzt die Bewegung von vorher möglich ist.

So arbeiten wir uns immer noch auf festem Untergrund an unser Zielverhalten heran und wechseln erst, wenn alle vier Hufe in alle vier Richtungen versetzbar sind, auf einen anderen Untergrund. Wir können auch unsere Wippe wieder mit Balken fixieren, um unserem Pferd die Aufgabe, sich umsetzen zu lassen, zu erleichtern. Schlussendlich können wir unser Pferd durch leichtes Antippen und Umsetzen aller Hufe auch auf der ungebremsten Wippe immer ideal zum Wippen positionieren.

## Untergrund

Je fester und glatter die Fläche ist, auf der die Kufen abrollen, desto schneller ist die Wippe. Das bedeutet konkret, dass sie leichter von unserem Pferd in Bewegung zu setzen ist. Aber kein Vorteil ohne Nachteil: Das Tempo macht es auch deutlich schwieriger für unser Pferd, die Instabilität auszugleichen. Sollten wir uns auf dem Weg von der fixierten Wippe zum freien Wippen auf festem Grund einmal verschätzt haben und unser Pferd schaukelt sich auf, weil seine Tiefenmuskulatur dem Ganzen noch nicht gewachsen ist, treten wir schnell beherzt mit einem Fuß auf die Wippe. So stoppen wir die für Pferde unangenehme Situation des Ausgeliefert-Seins.

## Bauanleitung Pferdewippe Steigerwald.T-1500

- 1 Siebdruckplatte mit mindestens 2,1 cm Stärke – 150 x 60 cm
- 1 Gummimatte mit ausreichendem Grip in Größe der Siebdruckplatte
- ausreichend Kleber und Presskartusche
- 1 Balken (hier geht Weichholz) mit 54 cm Länge, 14 cm Breite und 10 cm Stärke
- 2 Eichenbretter mit 140 cm Länge, 16 cm Breite und mindestens 3 cm Stärke
- 6 x 120er- sowie 5 x 70er-Schrauben (Spax)

WICHTIG! Die gerade Seite der Kufen wird in einem Neigungswinkel von 15 Grad gesägt, um durch stabileren Stand ein Umschlagen der Wippe zu vermeiden! Diesen Winkel gilt es auch beim Anpassen des Mittelklotzes genau einzuhalten.

Zu Beginn sägt bzw. schneidet man die Materialien auf die benötigten Maße zurecht. Eine besondere Schwierigkeit bildet dabei das Zusägen der beiden Bretter, welche später die Kufen unter der Wippe bilden. Zum Anzeichnen der Rundung empfiehlt es sich, eine Schnur als Zirkel zu verwenden. Dazu fixiert man die Schnur mit einem Ende am Boden (z.B. mit einem Hering oder Nagel). An das andere Ende der Schnur wird ein Stift angebracht. Dann setzt man den Stift auf der Hälfte der Brettlänge an der Außenkante an. Wichtig ist, dass das Brett jetzt im rechten Winkel zur Schnur liegt. Sobald das Brett richtig liegt, kann der Bogen aufgezeichnet und anschließend ausgesägt werden. Wer auf Nummer sicher gehen will, fertigt sich eine Schablone.

Ist die Stichsäge schon mal bei der Hand, können gleich die Ecken der Siebdruckplatte abgerundet werden. Im Anschluss daran werden sämtliche Kanten an den Kufen und der Siebdruckplatte mit einer Oberfräse und/oder Flex abgerundet und sorgfältig geschliffen, um Verletzungsgefahren für das Pferd zu minimieren und den Tragekomfort für den Menschen zu erhöhen.

*Ist alles zugesägt, legt man den Balken und die Kufen mittig auf die Siebdruckplatte. Nun noch einmal kontrollieren, dass die Kufen seitlich nicht überstehen. Je bündiger das Ganze ist, desto besser für die Fesseln unserer Pferde, wenn sie doch einmal abrutschen.*

**WICHTIG! Die Kufen sollen bei der fertigen Wippe BÜNDIG an der Trittfläche anschließen!**

Liegt alles gut, können Balken, Kufen und Siebdruckplatte verleimt und mit 120er-Schrauben befestigt werden. Wenn der Rohbau fertig ist, kann die Gummimatte auf die Platte geklebt werden. Die Klebeanleitung finden Sie auf unserer Homepage. Nach dem Abnehmen der Gegendruck-Platte werden noch die Ecken mit dem Messer oder Cutter abgeschnitten und ggf. einmal darüber geschliffen.

Zu guter Letzt werden alle offenen Stellen an Holz und Platte mit Leinöl o. Ä. eingepinselt.

## Die Zweibeinwippe

Das Training auf der Zweibeinwippe ist gut für die gesamte Muskulatur der Pferdeschulter. Die Brustmuskeln und der Trizeps, welcher den Ellenbogen stabilisiert, werden besonders gestärkt. Das Schulterblatt gleitet bis zum Widerrist hoch, wenn unser Pferd mit geradem Bein wippt. So wird seine Schulter insgesamt beweglicher. Auch die Steigerwald.T-2BW hat gelenkschonende Kufen. Da im normalen Bewegungsablauf eines Pferdes die Gelenke an den Beinen für Beugen und Strecken, nicht aber für ein Kippen zur Seite konstruiert sind, sollten wir besonders hier auf ein sanftes Bewegungsende und einen geringen Ausschlag achten.

Meine erste Zweibeinwippe war ein Rundholz von sechs Zentimetern unter einem Brett. Auch hier tönte es wieder: Pock-pock. Dies ist für die Gelenke auf Dauer nicht gut. Nach diversen Zwischenstufen und Versuchen mit Polsterung profitieren viele Pferde von meinen Erfahrungen der letzten Jahre.

## Zielverhalten

Unser Wunsch an unser Pferd lautet:
»Betritt mit beiden Hufen bitte so die Zweibeinwippe, dass sie jeweils rechts und links des Mittelpunktes platziert sind. Bleib stehen und setze das Gerät so in Bewegung, dass die Bewegung von rechts nach links aus dem oberen Bereich deiner Vorhand kommt und lasse deine Gelenke gerade. Dein Hals bleibt relativ immobil und du hältst deine Nasenlinie leicht vor der Senkrechten.«

Für das Betreten mit Vor- oder Hinterhand haben wir zum einen die Möglichkeit, mit großen Objekten zu beginnen und immer kleiner zu werden, wobei es C+B immer nur für vollständige Treffer gibt. Es ist sinnvoller, eine Zeitlang das präzise Setzen der Hufe auf einer Fläche von 60 x 100 cm zu trainieren, als zu früh auf die Wippe zu wechseln und dann mit Abrutschen und Daneben-Treten zu kämpfen zu haben. Hiermit trainieren wir die Bewusstheit der Willkürmotorik in einem Bereich, in dem unser Pferd viel Erfolg haben kann.

*Die Zweibeinwippe ist ein sehr vielseitig einsetzbares Turngerät.*

Wenn wir das Betreten der Wippe shapen wollen, clicken wir anfangs jede Berührung der Wippe mit dem Huf, um dann immer mehr Genauigkeit zu fordern. Meine Erfahrung zeigt, dass ich damit wunderbar enthusiastisch herumtastende Pferde trainiert habe. Sie haben aber leider nicht gelernt, ihre Hufe sofort richtig hinzustellen. In der Erstauflage habe ich noch eine Variante mit großen Gummitellern vorgestellt, deren Verstellen sich aber in der Praxis als zu mühsam erwiesen hat. Heute empfehle ich lieber, die Hufe einfach an den gewünschten Ort auf der Wippe zu modeln (siehe S.107). Der Nachteil ist, dass wir uns dafür bücken müssen, aber ein schnelleres Lernen und weniger Fehlversuche unseres Pferdes wiegen den Nachteil deutlich auf.

***Es ist immer wieder spannend auszuprobieren, wohin unser Pferd kippt, wenn wir entsprechend füttern.***

Die Wippbewegungen erzeugen wir wie beim Ganzkörpertraining über Futterpunkte und ein schrittweises Ausschleichen derselben. Ja, wir arbeiten zuerst über den Hals und müssen diese Bewegung dann auch wieder abbauen. Im praktischen Training ist es aber einfacher, als darauf zu hoffen, dass unser Pferd das Richtige anbietet. Würden wir rein shapen, würde unser Pferd nicht nur den Hals bewegen, sondern auch Schritte machen oder zumindest seine Hufe anheben.

***Live-Coaching 5: Zweibeinwippe – Wippbewegung erzeugen***

***Zweibeinwippe Vorhand: Ole lernt, seine Schultern zu aktivieren.***

***http://mein.mueller-rueschlikon.de/42167/05.mp4***

***Dieses Vorgehen empfiehlt sich natürlich nur bei 100 % zuverlässigen Pferden.***

Die Hinterhand können wir wunderbar in die Bewegung modeln: Eine zweite Person legt ihre Hände an die Hüfthöcker und führt so den Pferdekörper in die Richtung, aus der ein Zurückschwingen automatisch erfolgt. Dieses wird vom Trainer vorne geclickt und gefüttert. Mit der Zeit reduzieren wir dann unsere Aktivitäten und clicken die des Pferdes.

***Live-Coaching 6: Zweibeinwippe – Wippbewegung erzeugen***

***Zweibeinwippe Hinterhand: Das Training zur Mobilisierung von Becken, Kruppe und Lendenwirbelsäule.***

***http://mein.mueller-rueschlikon.de/42167/06.mp4***

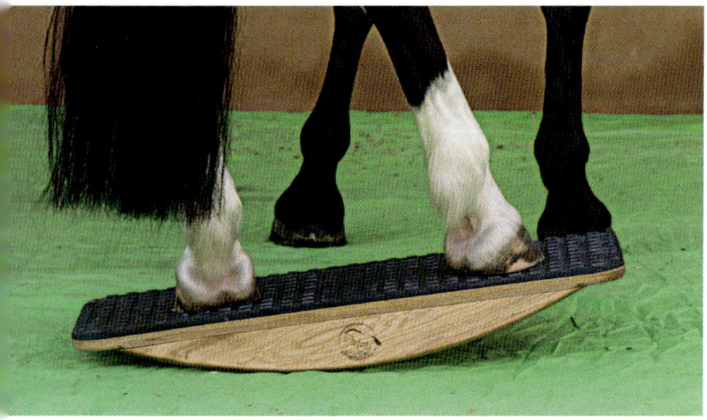

*So können wir das Kreuzdarmbeingelenk und die Wirbelsäule mobilisieren, die Beweglichkeit des Beckens und die Schulung der Feinmotorik der Hinterhand fördern.*

## Bauanleitung Zweibeinwippe mit Kufen

- 1 Siebdruckplatte mit mindestens 2,1 cm Stärke, 80 cm lang und 30 cm breit
- 2 Bretter 10 x 80 cm, ca. 3 cm stark in Eiche
- 1 Balken mit ca. 25 cm Länge, 8 cm Breite und 6 cm Stärke
- 70er- und 50er-Schrauben (Spax)

Wie bei der Steigerwald.T-1500 sägt bzw. schneidet man die Materialien auf die benötigten Maße zurecht und rundet die Ecken der Siebdruckplatte ab. Anschließend wird die Säge auf 22,5°eingestellt und die gerade Seite auf Maß gebracht, um den Kufen die richtige Neigung zu verpassen. Der größere Winkel ist nötig, weil das Risiko des Umkippens bei diesem Gerät deutlich höher ist.
Das weitere Vorgehen ist wie bei der Steigerwald.T-1500.

## Die größeren Modelle

Was wäre, wenn zwei Pferde miteinander wippen könnten? Wir hätten denselben Trainingseffekt in der Hälfte der Zeit und auch noch unglaublich viel Spaß dabei. Drei Balken von sechs Metern Länge auf 10 x 15 cm dienen als Träger für die Lauffläche aus Brettern mit 2,5 cm Stärke. Und woher weiß man, was für eine Rundung die Kufen brauchen, um für zwei Pferde ein optimales Rollverhalten zu bekommen? Mut zu Versuch und Irrtum, eine Kettensäge und mächtige Leimbinder – die ganz große Wippe in ihrer aktuellen Version könnte etwas schneller sein, macht aber auch gewaltig Spaß. Eine Besonderheit bei den längeren Wippen ist die Möglichkeit, unser Pferd passiv durchzubewegen. Wir stehen an einem Ende, unser Pferd ist so positioniert, dass es mit sportlichem Einsatz unsererseits möglich ist, die Wippe voll in Bewegung zu setzen. Unser Pferd muss nur darauf achten, dass es oben bleibt. Je lockerer es steht, desto mehr schwingt seine Wirbelsäule dabei.

*So trainiert Freya ihr Frauchen.*

*So trainiert Frauchen Freya.*

*Auf drei Metern Stellfläche ist Platz für ein Endmaß-Pony und ein Shetty.*

Im weiteren Verlauf unserer Wippenbauten entstand die Steigerwald.T-3000 in Holz und in Edelstahl.

## Der Drehteller

Für Menschen gibt es ihn schon lange, für Hunde seit kurzer Zeit und seit 2013 auch für Pferde: Einen Teller, der auf einem Halbrund befestigt ist und durch geschicktes Kreisen des Körpers mit der Außenkante fortlaufend über den Boden rollt. Der Prototyp ist aus der Seitenwand einer Straßenbau-Kabeltrommel und einer Eisenkugel entstanden. Etwas schlanker sind die Nachbauten: Wir sägen aus einer Siebdruckplatte von mindestens 3 cm Stärke einen Kreis mit einem Durchmesser von 1,5 m aus, runden die Kanten mit einer Flex oder Oberfräse ab, schrauben von unten eine Buchenhalbkugel mit 15 cm Durchmesser fest an und kleben eine Gummimatte auf die Oberseite. Hier ist auch wieder glücklich, wer eine Sackkarre besitzt, aber sonst lässt sich der Teller wenigstens von A nach B rollen.

Probieren Sie selbst einmal, den Teller zum Kreisen zu bringen, ohne dass es poltert. Auch zu zweit macht diese Übung viel Spaß und man lernt, sich auf einen anderen Körper einzustellen und gemeinsam auf ein Ziel hinzuarbeiten. Wer ein etwas kleineres Pony hat, kann auch wunderbar mit auf den Drehteller steigen und gemeinsam Gleichgewicht und Koordination schulen. Amadeus hatte durch eine sehr große Belohnungsgeschichte auf Wippen Schwierigkeiten,

*So bekommen selbst Shettys einen »Sixpack«.*

aus dem Vor-Zurück-Muster herauszukommen. Also stieg ich mit auf die Wippe, um ihm zu helfen, den richtigen Weg zu finden.

Zu Anfang können wir Turn- oder Schaumstoffmatten unterlegen bzw. den Teller auf Sand legen, um das Tempo des Drehtellers zu verringern. Auch verhindern wir so das harte »Pock-Pock«, was entsteht, wenn aus Versehen eine Wipp-Bewegung gemacht wird.

Wir beginnen damit, unser Pferd seitlich heraufzuführen, so dass es sich mit seinem Gewicht nur auf einer Hälfte des Kreises befindet. Wir clicken und füttern von vorne. Dadurch haben wir auch eine bremsende Funktion, was hilfreich sein kann, bis dieses schwankende Gerät mit genug C+B aufgeladen ist. Hier findet für den Anfang genug Bewegung und Herausforderung statt. Unser Pferd muss sein Gewicht auf der Schräge beim Vor- und Zurückrollen ausgleichen. Ist es dort sicher und stabil, gehen wir etwas seitlich, damit unser Pferd uns folgt. Sobald es mit seinem Gewicht über den Mittelpunkt kommt, wird sich der Teller auch seitlich bewegen. Über gut gewählte Futterpunkte positionieren wir unser Pferd so, dass es zumindest theoretisch möglich ist, die Außenkante rollen zu lassen.

Das Bewegungsmuster »nach rechts-nach hinten-nach links-nach vorne« ist recht anspruchs-

**Live-Coaching 7: Drehei –
Betreten einer instablien und begrenzten Fläche**

***Dreh-Ei:***
***Dreidimensionale Beweglichkeit will vernünftig aufgebaut werden.***

**http://mein.mueller-rueschlikon.de/42167/07.mp4**

*Eine Sonderform des Drehtellers ist oval und noch anspruchsvoller.*

voll. Mal wird der Teller weit rollen, dann wieder weniger weit und mal wird es auch »Pock-Pock« machen. Dadurch, dass wir an verschiedenen Dingen gleichzeitig arbeiten und manchmal nach einem »Pock« eine wunderbare Rollrunde kommt, die bestärkt wird, ist die Aufgabe natürlich nicht so eindeutig für unser Pferd. Clickpunkte sind, wenn mindestens ein Viertel des Umfanges gerollt ist. Die Rollbewegung beginnt mal vorne links und mal hinten rechts. Mit der Zeit werden die körperlichen Fähigkeiten besser und wir können immer längere Rollphasen bestärken. Der Drehteller hat aufgrund seiner Herausforderungen in trainingstechnischer und muskulärer Hinsicht eine hohe Belohnungsgeschichte. Im Parcours ist er gut als Verschnaufpause für den Menschen einsetzbar und wir können ihn als erstrebenswertes Zielgerät nutzen.

## Drehteller auf Spitze

Eine Sonderform des Drehtellers hat einen geringeren Durchmesser. Er ist nur auf einer sechs Zentimeter langen, dicken Schraube gelagert, die durch eine Buchenhalbkugel stabilisiert wird. Das Holz der Bodenplatte ist auf einer alten Wagenrad-Umrandung, wie sie manchmal zum Abschleppen von Weiden eingesetzt wird, festgeschraubt. So ergibt sich durch die geringe Auflagefläche ein sehr schnelles Gerät, wenn man es wie ich auf Betonplatten legt.
Wir können unser Pferd sich auf diesem Teller um die eigene Achse drehen lassen (s. S. 54).

Bei dem anderen möglichen Einsatz kommen passionierte Shaper, d.h. Trainer, die gerne mit freiem Formen arbeiten, voll auf ihre Kosten. Um die mit diesem Drehteller gewünschte Bewegung zu trainieren, brauchen wir ein gutes Auge und einen schnellen Daumen. Unser Pferd sollte schon Erfahrung damit haben, sein Gewicht zu verlagern, ohne seine Hufe zu versetzen. Dann kann es den Teller durch geschickten Einsatz seines ganzen Körpers ein Stück weit nur auf der Spitze in der Mitte rotieren lassen.

## Das Wackelbrett

Das Wackelbrett ist auch eine Eigenkonstruktion. Auf der Suche nach Instabilität kam ich auf die Idee, Federn unter einer Platte anzubringen. Der passende Rahmen war schnell gefunden, aber welche Federn nimmt man? Das Gewicht des jeweiligen Autos kann nur begrenzt als Anhaltspunkt dienen, weil wir uns ja beim Pferdeturnen mehr Ausschlag als beim Fahren auf einer Nebenstraße wünschen. Die bisherige Erfahrung zeigt, dass Federn von einem Fahrzeug mit ca. 1000 Kilo Gesamtgewicht für Ponys von zwei- bis dreihundert Kilo geeignet sind. Kandidaten von ca. 500 kg brauchen Federn eines Fahrzeugs von ca. 1500 Kilo, dann haben wir einen vernünftigen Ausschlag. Bei zu starken Federn passiert zu wenig – so fühlte es sich an, wenn man als Kind einen Erwachsenen

auf der anderen Seite der Wippe hatte – und bei zu schwachen Federn werden sie zu stark zusammengedrückt und es passiert auch nichts.
Wir nehmen eine Siebdruckplatte von 1 m x 1,50 m und 3 cm Stärke. Wir schrauben an jede ihrer vier Ecken mit soliden Latten ein Viereck, in das die gewählte Feder genau hineinpasst. Wegen des Kipp-Risikos ist etwas zu knapp besser als zu weit.

Im passenden Maß werden vier Löcher gegraben und Hartholzplatten von mindestens 20 x 20 cm hineingelegt. Die Tiefe richtet sich nach der Länge der Federn, die Trittfläche sollte ca. 20 cm über dem Erdboden sein. Dicke Rohre sorgen für die Führung der Federn. Wir sollten zwei Gummimatten haben: eine, damit die Pferde auf dem Wackelbrett nicht rutschen, die andere sorgt für einen seitlichen Rundum-Schutz bis zum Boden, damit unser Pferd nicht unter das Wackelbrett treten kann.

Das Training des Wackelbrettes gestaltet sich dann einfach, wenn unser Pferd schon mit instabilen Untergründen vertraut ist und muskulär dazu in der Lage ist, sich auszubalancieren. Dies wird meist der Fall sein, weil sich kaum ein Agility-Neuling sofort eins zulegt.

Da jede »Wackeligkeit« eine andere ist, sollten wir Neulingen erst einmal die Gelegenheit geben, sich damit vertraut zu machen. Das Vorgehen ist wie bei den Wippen beschrieben. Ist unser Pferd erst einmal sicher mit allen vier Hufen drauf, stehen uns mindestens vier verschiedene Einsatzmöglichkeiten im Parcours zur Verfügung. Wir können unser Pferd anfangs einfach nur hinauf- und wieder hinuntersteigen lassen.
Mit zunehmender Geschicklichkeit wird unser Pferd dann eine Drehung um die eigene Achse auf dem Wackelbrett meistern können. Dies können wir entweder mit dem entsprechenden Signal (s. S. 23) abrufen oder einfach mit herumgehen.
Sportlicher wird es für uns, wenn wir mit auf das Wackelbrett steigen und unser Pferd passiv durchbewegen, d.h. es muss Ausgleichs- und Haltearbeit leisten, während wir alles geben, um Bewegung in das Brett zu bekommen.
Für das Training der Hankenbeugung ist das Wackelbrett sehr gut geeignet. Man kann diese

***Profi-Ponys können auch über das Wackelbrett galoppieren.***

***Mit einem zweiten Menschen gestaltet sich das Training einfacher.***

Übung, die sehr an Pilates erinnert, natürlich auch auf hartem Boden machen, aber wir haben auf dem Wackelbrett einen deutlich schöneren Effekt.

Steht unser Pferd auf dem Wackelbrett, geben wir das Signal zum Rückwärts und clicken schon eine erste Gewichtsverlagerung nach hinten. Dies sollte also erfolgen, bevor überhaupt ein Huf den Bodenkontakt verliert. Wenn unser Pferd dies zuverlässig umsetzt, fordern wir im Training immer mehr davon. Währenddessen setzen wir ein sogenanntes Arbeitssignal ein. Würden wir weiterhin das Zurück Signal benutzen, ergibt sich nur aus dem Kontext – ich stehe auf dem Brett – für unser Pferd, dass gerade keine Bewegung der Hufe gewünscht ist. Setzen wir gleich unser Wunsch-Signal ein, bekommt unser Pferd während des Trainings unzählige Clicks für ein Verhalten, welches nicht dem Zielverhalten entspricht. Woher soll es dann in zwei Monaten wissen, was davon wir genau wollen, wenn wir das Signal geben? Daher führen wir beim Shapen, dem Formen, das endgültige Signal erst ein, wenn wir das Endverhalten zuverlässig haben.

Die Wahl des Signals: Worauf hin soll unser Pferd sein Gewicht nach hinten-unten verlagern? Ich habe mich für ein Vorneigen des Oberkörpers entschieden, während ich mich beim Zurück gerade halte. Es ist bei dieser Übung ein großer Vorteil, wenn unser Pferd beim Rückwärtsgehen auf normalem Untergrund seine Nasenlinie in der Senkrechten und sein Maul auf Buggelenkshöhe hält. Machen wir den Trainingsaufbau über den Schweifrübentarget, ist dies natürlich wunderbar als Signal geeignet.

# Hüpfer und Sprünge

## Springgymnastik

Leichte Sprünge können einen gymnastizierenden Effekt auf unser Pferd haben und sind aus keinem Agility-Parcours wegzudenken. Es gibt bei den Hunden sogar reine »Jumping«-Wettbewerbe, die gänzlich ohne Kontaktzonengeräte auskommen. Das wäre mir viel zu langweilig, aber wir können uns zum Glück aus dem großen Strauß der Möglichkeiten das aussuchen, was gut zu uns und unserem Pferd passt.

*Luca ist schon L-Springen gegangen, würde aber ohne Führstrick noch den bequemeren Weg auf den Hügel wählen.*

Ich habe dieses Kapitel bewusst auch »Hüpfer« genannt, weil es viele Pferde gibt, die aufgrund von Alter oder Gesundheit nicht springen dürfen. Sie können aber durchaus beim Agility ihren Spaß und ihr Training haben. Wir nehmen dann eben eine Bodenstange anstatt eines Sprunges. Die Trainingsherausforderung bei Sprüngen liegt darin begründet, dass ein Sprung aus verhaltensökonomischer Sicht ein relativ teures Verhalten ist, wir aber pro Sprung nur einmal C+B vergeben können. Den Moment des Abspringens gilt es mit dem Click einzufangen. Hier müssen wir uns überlegen, womit wir die Attraktivität des Hindernisses steigern können. Selbst Pferde, die beim Freispringen gut anziehen, laufen ohne den Kontext »ich alleine in der Halle, Sprünge an der Bande und Mensch mit Longierpeitsche« eher um einen Sprung herum.

Zum einen haben wir die Möglichkeit von Management-Maßnahmen wie dem Platzieren des Sprunges an der Bande oder noch besser in einer Gasse. Dann kann unser Pferd keine falsche Entscheidung in Bezug auf den Laufweg treffen. Wir bestärken den Sprung an sich mit C+B und direkt danach kommen wieder andere Geräte mit einer stärkeren Belohnungsgeschichte zum Einsatz. »Immer, wenn ich über dieses Ding gehüpft bin, kann ich danach wippen und mir viele Kekse verdienen, also lohnt es sich, zu springen.« So oder ähnlich mag die Verknüpfung dieses Trainingsaufbaus sich dann im Pferdegehirn niederschlagen.

Für die Sprunghöhe gilt wie für alles andere im Training auch: Einfache Durchgänge bestärken, dann die Anforderungen steigern. Als Hindernisse kommen neben den »normalen« aus dem Handel alle in Frage, die keine Ecken oder Kanten haben, an denen sich unser Pferd verletzen könnte. Von Kartoffelsäcken, die mit Silofolie gefüllt werden über Baumstämme, nebeneinander gestellte Autoreifen bis hin zu großen Rohren – glücklich ist, wer Verbindungen zum Tiefbau hat! Unsere Pferde machen alles gerne mit, wenn wir unser Training vernünftig aufbauen. Pferde, die aufgrund mangelnder Erfahrung noch nicht richtig vor dem Sprung anziehen, gewinnen an Schwung, wenn wir den Sprung in passendem Anstand hinter dem Tunnel aufbauen.

*Für nur eine Stange eine geeignete Begrenzung.*

*Agility ist Sport – für Mensch und Pferd!*

*Hier »ziehe« ich Frieda über den Sprung*

*Je mehr Übung unser Pferd hat, desto freudiger führt es auch schwierige Sprünge aus.*

Dieser wirkt nämlich tendenziell beschleunigend. Haben wir Hindernisse zur Verfügung, die sich ohne großen Aufwand in der Höhe variieren lassen, etwas sportlichen Ehrgeiz und unser Pferd Sprungvermögen, können wir beim Training von höheren Sprüngen die erhöhten Anforderungen mit besonders gutem Futter oder beliebten Geräten danach bestärken. Nach und nach können wir bei sicheren Sprüngen die Begrenzungen und Gassen reduzieren. Dies gilt auch, wenn wir nicht nur einen einzelnen Sprung, sondern eine Kombination oder gar eine Sprungreihe trainieren.

## Schmalsprung

Ein besonderer Reiz liegt im Training von schmalen Hindernissen, die zudem noch frei stehen. Springturnier-Standardmaße für Sprünge sind drei Meter Breite, Outdoor sogar teilweise einen halben Meter mehr. Wir begnügen uns beim Agility aus praktischen Gründen im Eigenbau mit zwei Metern. Das liegt im Sport natürlich auch teilweise darin begründet, dass bei höheren Tempi anders taxiert werden muss. Da es bei uns nicht um Tempo geht, sondern der Spaß am Training im Vordergrund steht, steht uns hier eine weitere interessante Aufgabe zur Verfügung. Um zu überprüfen, welche Breite unser Pferd noch als lohnenswerten Sprung ansieht, eignet sich ganz besonders der Sprung aus senkrecht nebeneinander stehenden Autoreifen, die durch etwas stabil Stehendes wie Tonnen an den Seiten abgestützt werden. Der Trick bei diesem Aufbau sind auch noch die Tonnen, die durch ihr Überragen der Reifen deutlich auf die Mitte des Sprunges hinweisen. Sollte unser Pferd aus verschiedenen Gründen Sprünge von dieser Höhe nicht machen und sind nicht genügend alte Schubkarrenreifen vorhanden, können wir auch Säcke nehmen, die wir bis zur gewünschten Höhe füllen und zwischen die Tonnen stellen.

Nimmt unser Pferd dieses Hindernis bereits schwungvoll und zuverlässig, bestärken wir es mit C+B. Alle fünf Durchgänge, die zu achtzig Prozent gut waren, entfernen wir einen Reifen oder einen Sack, so dass sich die Breite des Hindernisses verändert. Wichtig ist hierbei, dass unser Pferd so mittig wie möglich springt. Wir müssen also auf einen optimal geraden Anlauf achten. Zudem können wir einen Bodentarget ebenfalls schön mittig hinter unserem immer schmaler werdenden Sprung mit im Training nutzen.

Schlussendlich sollte unser Pferd bei geradem Anlaufen noch gut zwischen den beiden Begrenzungen hindurch passen, nicht mehr. Wenn wir genügend Autoreifen zur Verfügung haben, können wir diese anstatt der Tonnen nehmen und auch noch diese Hilfe abbauen. Hierzu nutzen wir dasselbe Schema wie bei der Breite. Wenn uns und unserem Pferd diese Übung Freude bereitet, können wir noch weiter an der Breite schrauben, bis unser Pferd auf Signal sicher mittig über einen einzelnen Sprung geht, der nur zwanzig Zentimeter breit ist.

***Wir müssen die Höhe immer an unser Pferd anpassen.***

*So bekommt »Springgymnastik« eine andere Bedeutung.*

## Weitsprung

Sprünge, deren Herausforderung in der Tiefe des Hindernisses liegt, gibt es auch im klassischen Turniersport, wobei es sich dort um Hoch-Weit-Kombinationen handelt. Beim Agility mit Pferden können wir selbstverständlich auch Oxer trainieren, doch der Weitsprung an sich braucht keine nennenswerte Höhe zu haben. Was eignet sich als Material, wenn es keinen Wassergraben gibt?
Planen und Matten scheiden oft aus, weil sie durch das Gerätetraining zu sehr mit »drauf« verknüpft sind, Holzkonstruktionen sind mir zu gefährlich, falls sich unser Pferd in seiner Flugbahn verschätzen sollte. Hier können wir auf Futtersäcke zurückgreifen, die mit Schafwolle oder ähnlichem gefüllt sind. Je nach Sprungvermögen unseres Pferdes kann dabei aber schon eine ganze Menge zusammenkommen. Eine gute Alternative sind Schwimmnudeln, auch sie bergen im Falle eines Fehlsprungs kein Verletzungsrisiko. Auf jeden Fall sollte unser Pferd schon im Galopp an Hindernisse heranlaufen können, wenn wir einen weiten Weitsprung trainieren wollen.

Den Schwimmnudel-Weitsprung trainieren wir auch in Schritten mit je fünf Wiederholungen.

**Schritt 1:**
Wir laufen mit unserem Pferd über einen sehr niedrigen Sprung mit nur einer Stange, unter der eine Schwimmnudel liegt und bestärken jeden Durchgang mit C+B.

**Schritt 2:**
Wir legen drei Nudeln hintereinander unter die Stange.

**Schritt 3:**
Wir nehmen die eigentliche Sprungstange weg und lassen unser Pferd über die Nudeln springen, die in maximal zehn Zentimetern Abstand zueinander liegen. Zusätzlich können wir auch eine zusammengefaltete Plane unter die Nudeln legen.

**Schritt 4**
Bis zur gewünschten Tiefe: Nudel für Nudel erweitern wir unseren Weitsprung in Zwanzig-

Zentimeter-Schritten und belohnen richtig weite Sprünge immer mal mit dem Wegnehmen von zwei bis drei Nudeln beim nächsten Durchgang. Unser Pferd muss dadurch immer wieder neu hinsehen und achtsam bleiben.

## Der Reifen

Sei es die Erinnerung an die Kindheit, als Zirkus noch großes Abenteuer bedeutete: Reifensprünge lassen die Augen aller glänzen. Was macht sie so besonders? Das Steppen-Fluchttier Pferd wählt einen begrenzten Raum, um von A nach B zu gelangen. Hierfür muss es die Position seines Körpers zum Raum einschätzen und in alle Richtungen taxieren können. Dies ist nötig, um den Absprung und die Flugbahn dem Reifen anzupassen, weil es sonst schlichtweg nicht passt. Der Reifensprung ist also auch noch ein gutes Instrument, um die Körperwahrnehmung unseres Pferdes zu schulen.

Da es derzeit noch an Geräten mangelt, können wir also phantasievoll vorgehen. Bei Schwimmnudeln denkt man: Endlich mal ein leichtes Pferdeturngerät! Praktisch ist eine Balkenkonstruktion, wie auf den Bildern zu sehen ist, aber es gibt viele Alternativen. Stabile Plastik-Zaunpfähle eignen sich ebenso wie normale Hindernisständer oder Regenrohre, die wir im Boden versenken. Schwimmnudeln haben neben Drainagerohren, Kabelrohren und Flanken von Treckerreifen einen großen Pluspunkt:

*Hier sieht man, wie schwer es Luca fällt, sich nach oben abzuschätzen.*

*Vorbereitungen für einen Reifen-Neuling*

Es gibt sie mit Zwei-, Vier- und Sechs-Loch-Verbindern. So lassen sie sich einfach zusammenstecken und kombinieren. Sollte unser Pferd sich verschätzen und einmal hängen bleiben, kann nichts passieren, weil sich alles leicht löst und keine Kanten hat. Wo eine Nudel an einem anderen Gegenstand fixiert werden muss, kommen Spanngummis zum Einsatz.

Getreu dem altbewährten Prinzip: Vom Leichten zum Schweren machen wir den Schwimmnudel-Kreis so groß, dass unser Pferd bequem durchpasst und lassen ihn auf dem Boden aufliegen. Ideal ist eine Stange vor der Nudel. Wir sollten zuerst immer nur von einer Seite trainieren, damit sich unser Pferd möglichst schnell an den Reifen gewöhnt und die Abmessungen für sich einschätzen kann.

Die ersten Male kann es für unser Pferd hilfreich sein, wenn wir es durch den Reifen begleiten. Hat es schon etwas Geräte-Erfahrung, gehen wir wie bei einer Bodenstange mit gerade nach vorn gestrecktem Arm neben unserem Pferd am Reifen vorbei. Der erste Huf, der hinter der Nudel abgesetzt wird, gibt C+B, der zweite, dritte und vierte ebenso. Mit einem gut etablierten Bodentarget in der Nähe können wir für weitere Bestärkung der Ringpassage sorgen.

Zögert unser Pferd überhaupt nicht beim zweiten Angehen, gibt es C+B für den vierten Huf, der den Ring passiert hat. Wir erkennen dasselbe Trainingsschema wie bei Wippen, Matten oder Gassen: Kleinschrittiger, hoch bestärkter, fehlerfreier Anfang, um schnell Sicherheit aufzubauen und rasch auf das Endverhalten hinzuarbeiten. Läuft unser Pferd fünfmal allein durch den Reifen, machen wir das Ganze im Trab. Unter Umständen kann eine seitliche Begrenzung auf der von uns abgewandten Seite unserem Pferd helfen, sich für das Richtige zu entscheiden. Ein aufmerksam durch den Reifen trabendes Pferd sagt uns, wenn acht von zehn Versuchen ohne Berühren geklappt haben, dass wir zum nächsten Trainingsschritt übergehen können. Jetzt kommt eine Stange zum Einsatz, welche 10 cm höher ist, als die der ersten Durchgänge. So geht es weiter bis zur gewünschten Sprunghöhe. Erst dann kommt das Cuttermesser zum Einsatz und die Nudeln werden in Dreißig-Zentimeter-Schritten gekürzt.

Bei jeder Verringerung des Durchmessers müssen wir darauf achten, ob unser Pferd genauso freudig und sicher durch den Reifen kommt. Bremst es zu sehr zum Taxieren, dass der Schwung fehlt? Berührt es mit einem Körperteil den Reifen? Hier sind wir auf die Hilfe einer Videokamera oder einer zweiten Person angewiesen, um rechtzeitig schwierige Zonen zu identifizieren.

**Der Reifensprung** ist ein teures Verhalten. Auf ausreichende Bestärkung wie z.B. durch Spezialkekse oder eine Krauleinheit achten!

Wenn wir nicht so viele unterschiedliche Sprünge zur Verfügung haben, können wir mit Kombinationen weitere Herausforderungen im Springtraining angehen.

*Gemeinsamer erster Durchgang.*

*Noch mit Anna-Lena, aber schon im Trab.*

## Sprungkreis

Vereinfacht gesagt läuft unser Pferd auf einer gebogenen Linie und nimmt dabei vier Stangen oder Sprünge. Wenn wir uns die Arbeit machen, einen geschlossenen Innenkreis abzustecken, in dem nur wir uns bewegen, können wir hier sehr schön den Abstand zu uns trainieren. Anfangs laufen wir noch auf gewohnter Führposition mit und geben bei jedem Sprung das Signal mit gerade nach vorne gestrecktem Arm. Jeder Sprung wird mit C+B bestärkt. Dann verringern wir den Kreis, den wir innen laufen, wobei wir uns auch wieder die Markierungen aus Kalk nutzen, um genau festzustellen, was unser Pferd schon kann. Springt es noch, wenn ich in zwei Metern Entfernung bin? Funktioniert es sicher auf einem Meter? Wenn wir den gewünschten Abstand zu uns trainiert haben, können wir die Hand wechseln. Als nächstes verlangen wir mehr Sprünge, bis eine Runde zuverlässig klappt. Letzter Schritt ist der Abbau der Begrenzung nach innen in zwei bis drei Etappen.

## Über Hindernisse abrufen

Haben wir mit der Uhrenübung (s. S. 30ff) ein schönes Steh-Bleib trainiert, beherrscht unser Pferd einen zuverlässigen Rückruf mindestens im Trab (s. S. 57), der so manch einen Hundebesitzer vor Neid erblassen lässt und geht es dazu sicher über Stangen oder Sprünge, können wir es auch abstellen und es über die Sprünge zu uns abrufen. Die ist ein schöner Anfang für einen ganzen Parcours.

**Schritt 1:**
Wir legen eine Stange in unsere Trainingsgasse und lassen unser Pferd dreimal von jeder Seite rübertraben.

**Schritt 2:**
Wir stellen unser Pferd mit Steh-Bleib vier Meter vor der Stange ab und gehen zwei Meter dahinter. Wir geben das Rückruf-Signal und clicken, sobald der erste Huf über der Stange schwebt. Futter gibt es direkt hinter der Stange, fünfmal wiederholen.

**Schritt 3:**
Jetzt vergrößern wir in Ein-Meter-Schritten den Abstand unseres Pferdes zur Stange.

**Schritt 4:**
Wir clicken nicht mehr den Sprung, sondern bewegen uns rückwärts in Laufrichtung weiter und clicken, wenn unser Pferd uns erreicht hat.

**Schritt 5:**
Wir platzieren sechs Meter hinter dem Sprung eine Wippe oder Matte und laufen mit unserem Pferd nach dem Sprung dorthin. Der Trabfluss sollte nicht unterbrochen werden. Auf der Wippe bestärken wir es mit mehreren C+B.

Wie das Training weitergeht, hängt von unserer Zielplanung ab. Wir können unserem Pferd höhere Sprünge als eine Bodenstange auf dem Weg zu uns beibringen. Es ist aber auch möglich, erst die Anzahl der Stangen auf zwei oder mehr zu erhöhen.

## In-Out

Die Kombination von mindestens zwei Sprüngen, zwischen denen kein Galoppsprung möglich ist, wird In-Out genannt. Hier kreuzen wir anfangs zwei Stangen, so erleichtern wir es unserem Pferd, die Mitte anzuvisieren. Wir können dieses Verhalten durch C+B bestärken und bekommen dadurch mehr Sicherheit.

*Den Reifensprung halb offen zu nutzen hilft beim Vertrauensaufbau.*

*Freya über einem improvisierten Hindernis.*

# Biegung und Achtsamkeit

## Der Slalom

Getreu dem Motto von Viviane Theby: »Es gibt eintausend verschiedene Wege, ein Verhalten zu trainieren. Fünfhundert davon sind tierschutzrelevant. Wenden wir uns den anderen fünfhundert zu.« Gehen wir an das Training des Slaloms heran. Jede Variante hat ihre Vor- und Nachteile, ich werde sie erklären, aber jeder muss für sein Pferd und sich entscheiden, welche er trainieren möchte. Stellen wir eine Überlegung an: Wenn wir beim Autofahren ein Navi benutzen, kommen wir, ohne groß denken zu müssen, sicher an unser Ziel.

Den Weg mit seinen Kreuzungen wird unser Gehirn aber nicht abspeichern, wozu auch? Fahren wir hingegen nach Karte, müssen wir uns erinnern, wo wir abbiegen müssen und uns an jeder Kreuzung selbständig dafür entscheiden. Auf diese Art und Weise prägt sich uns die Strecke mit ihren Details sehr viel besser ein. Dasselbe gilt für den Slalom.

Ihn fehlerfrei, selbständig und schön gebogen im Trab zu absolvieren ist eine anspruchsvolle Trainingsaufgabe. Zum einen muss unser Pferd sich nach jeder Stange neu entscheiden, wo es hinlaufen wird. Dann muss es körperlich dazu in der Lage sein, die dafür nötigen Bewegungen auch auszuführen.

Für das Training gibt es ein paar Basics, die es unserem Pferd erleichtern, diese Aufgabe zu erfüllen. Die Gretchenfrage nach dem Einfädeln in den Slalom lässt sich nicht beantworten, ich habe mich in Hinblick auf den Hundesport für die erste Stange an der linken Schulter entschieden. Wichtig ist nur, dass wir es im Training *immer* gleich handhaben, so ist es für unser Pferd wesentlich einfacher, den Anfang zu finden. Zuerst gilt das auch für die Seite, auf der wir mitlaufen. Pferde lernen sehr kontextbezogen, deshalb hilft es ihnen, wenn wir dort keine Veränderungen haben, bis die eigentliche Aufgabe sitzt. Erst dann sollten wir die Führseite wechseln und dabei bedenken, dass es für unser Pferd quasi eine andere Übung darstellt. Wir müssen unsere Trainingskriterien entsprechend anpassen.

Vier Stangen sind anfangs genug – so halten wir die Belohnungsrate hoch und unser Pferd kann schneller verstehen, worauf es wirklich ankommt. Später können wir dann auf die angestrebte Stangenanzahl erweitern.

Im Hundesport ist der Abstand der Stangen fix bei sechzig Zentimetern, egal ob für Sheltie oder Retriever. Legen wir bei unserem Pferd das Augenmerk auf Gymnastizierung, sollten wir den Abstand individuell so wählen, dass es für unser Pferd reell Arbeit ist. Es sollte sich biegen müssen, um durch den Slalom zu kommen. »Just for fun« können wir den Abstand so wählen, dass unser Pferd ihn bequem und flott bewältigen kann. Immerhin muss es sich dabei auch immer noch richtig entscheiden.

Was wir als Stangen oder Markierungen nehmen, ist wiederum der Phantasie und dem Geldbeutel überlassen. Normale Pylonen oder Eimer fordern weniger Biegung, weil gerade die Beckenknochen unseres Pferdes nach innen ragen und unser Pferd bei der Arbeit mit Stangen dann später eventuell viel »abräumen« wird.

Wir brauchen also etwas senkrecht allein Stehendes, was unserem Pferd mindestens bis zum Hüfthöcker reicht und gut sichtbar ist. Ich hatte eine Zeitlang Tonrohre mit verdicktem Ende im Einsatz, die sich ganz gut bewährt hatten. Ihnen bekommt aber Umfallen nicht so gut und mit zusätzlich beschwertem Fuß würden sie sich dann gar nicht mehr bewegen lassen.

Aktuell habe ich 1,50 m lange Wasserrohre aus Plastik, die in Füße von Kettenabsperrungen gesteckt wurden. Auch kann man Pylonen mit mindestens fünfzig Zentimeter Höhe nehmen und eine Stange oben hineinstecken. Wir müssen bedenken, dass der tote Winkel unseres Pferdes bis ca. einen Meter vor seine Nase reicht. Es wird die Stangen mal wahrnehmen und mal nicht. Deswegen sollten wir uns für optisch auffällige Slalomstangen entscheiden.

Noch muss Abby sich überhaupt nicht biegen.

*Hier ist es schon anspruchsvoller.*

**Möglichkeit 1:**

Die Stangen haben den gewünschten Abstand in der Länge, werden aber versetzt zur Mittellinie aufgestellt. Am Ende dieser Stangengasse wartet ein Target. Unser Pferd lernt nun, möglichst schnell mittig durch die Gasse zu seinem Target zu kommen und sich dort C+B abzuholen. Es muss sich noch nicht entscheiden, ob rechts oder links, Hauptsache ohne Berühren im Trab durch.

Jetzt werden wir in Fünf-bis-zehn-Zentimeter-Schritten enger. Sollten wir zu dynamisch dabei vorgegangen sein, wird unser Pferd entweder die Stangen berühren oder sich doch für Außen-vorbei-Laufen entscheiden. Dann bleiben wir sofort stehen, atmen tief durch, warten bis unser Pferd wieder bei uns ist und beginnen den Durchgang von vorn. Schlussendlich stehen alle Stangen in einer Reihe und unser Pferd findet seinen Weg ohne auf Signale oder Hilfen von uns angewiesen zu sein.

Der Vorteil dieser Variante liegt darin, dass wir gleich im Trab üben können. Der Nachteil liegt in den vielen Clicks für ein Verhalten, was deutlich einfacher auszuführen ist als unser Zielverhalten und eine andere Bewegungskoordination erfordert.

**Möglichkeit 2:**

Wir bringen unserem Pferd bei, in einem bestimmten Abstand von uns zu laufen und laufen dann so, dass wir es auf die richtige Seite der Stange »schieben« oder »ziehen«. Clickpunkte sind immer dann, wenn wir unser Körpersignal geben und unser Pferd weicht oder herankommt. Achten wir später im Parcours auf Tempo, ist diese Variante nicht zu empfehlen. Unser Pferd reagiert dann erst auf das Signal unseres Laufweges, der in deutlichen Schlangenlinien verläuft. So achtet es mehr auf uns als auf die Stangen, deren Bedeutung ihm nicht so klar werden können. Das verzögert natürlich die selbständige Bewältigung des Slaloms, ist aber durchaus eine hübsche Variante, weil wir mit unserem Pferd quasi Pas de deux laufen.

**Möglichkeit 3:**

Wir trainieren wie bei den Wendungen (s. S. 48) das Signal »Arm raus« für »bringe das vor dir stehende Objekt zwischen dich und deinen Menschen.« Dann brauchen wir noch »komm' wieder zu mir, wenn der Arm runtergeht.« Wir können diese Signale sooft es geht, ins Alltagstraining mit einbauen. Eine kleine Trainingsfalle lauert beim Slalom, der auf diese Weise trainiert wird. Da von uns weg meistens weniger attraktiv ist als zu uns ran, bestärken wir es häufiger, und unser Pferd bleibt dann gleich auf der anderen Seite der Stangen. Auch hier begleitet uns das Matching Law (s. S. 15).

Wenn wir so arbeiten, besteht das Risiko, dass wir unbewusst zusätzlich unseren Laufweg einsetzen, um das gewünschte Verhalten zu bekommen. Aus der Perspektive unseres Pferdes ist unser ganzer Körper und wo er sich befindet natürlich wesentlich deutlicher als ein einzelner Arm. Um uns selbst in der Spur zu halten, können wir eine Plastikkette in dem Abstand auf den Boden legen, den unser Pferd braucht, um gut durch den Slalom zu kommen. Dann haben wir für uns eine Hilfe, wirklich gerade unseren Weg zu laufen. Machen wir Agility auf einem Sandplatz, können wir auch einfach mit dem Fuß eine Spur ziehen. Auch hier können wir einen schönen Lauf mit feinen Reaktionen trainieren.

*Lucky reagiert auf Armsignale im Slalom.*

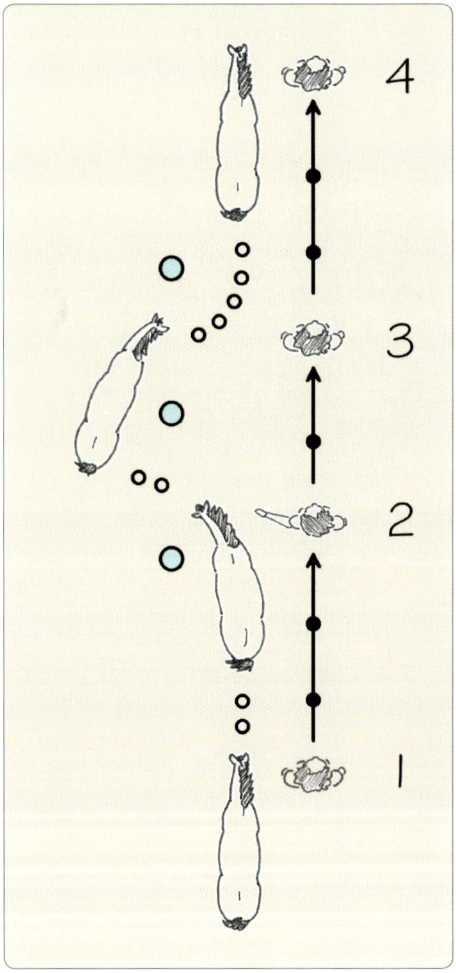


*Wir müssen gut darauf achten, wann wir unsere Signale geben.*

Es wird aber länger dauern, bis es die Bedeutung vom Slalom verinnerlicht hat. Wir trainieren gleichzeitig zwei Verhalten – das Weichen und das Zurückkommen.

### Möglichkeit 4:

Möchten wir, dass unser Pferd so wenig Fehler wie möglich macht und unsere Bestärkungen immer das richtige Verhalten treffen, empfiehlt sich die Arbeit mit Bögen als Hilfsmittel. Nun ist aber ein Pferd kein Hund und fühlt sich in engen Situationen nicht so wohl. Trainieren wir vorher enge Gassen (s. S. 51), ist es deutlich einfacher. Durch die Bögen kann sich unser Pferd nur richtig entscheiden, es ist kein anderer Weg möglich. Wir werden außer bei einem hochgradig zerstörungsfreudigen Shetlandpony, was auch *durch* Schwimmnudeln laufen kann, immer das Richtige bestärken können.

Wobei es anspruchsvoller wird, ist das Tempo. Stellen wir die Stangen von Anfang an so eng, dass unser Pferd ich biegen muss, wird es ziemlich sicher durchparieren. Hier haben wir die Wahl, die Stangen so weit auseinanderzustellen, dass unser Pferd noch durchtraben kann oder es körperlich soweit mit anderen Übungen zu ertüchtigen, dass es auch sicher durch den engen Slalom trabt.

Die Bögen können aus Schwimmnudeln oder flexiblen Leerrohren sein. Letztere sind etwas schlanker und im Baubedarf zu finden, ebenso wie passende Muffen und Klemmschellen zum Verbinden und Fixieren. Wir stellen die Slalomstangen im gewünschten Abstand auf und verbinden erste und dritte Stange sowie zweite und vierte. Bauchhöhe ist dabei meist ausreichend. Ein kleiner Plastik-Weidezaunpfahl hält den Bogen mittig auf Niveau.

**Schritt 1:**

Wir stellen vier Stangen mit zwei Bögen im gewünschten Abstand auf und legen hinter den Slalom einen Bodentarget oder den Gymnastikball. Es gibt einen Durchgang im Schritt, wobei das Signal für den Eingang in den Slalom mit »Arm raus« gegeben wird. Es ist für unser Pferd einfacher, wenn die erste Stange zwischen ihm und uns ist. C+B für das Erreichen des Targets, gerne auch einen Spezialkeks.

**Schritt 2:**

Wie Schritt 1, nur im Trab. Wir achten auf die Zonen, in denen es unserem Pferd leichter oder schwerer fällt, sich um die Stangen zu biegen.

*Erster Durchgang – Lucas Begeisterung hält sich noch in Grenzen.*

*Amadeus läuft selbständig seinen Weg im Slalom.*

Sollte unser Pferd Mühe haben und deswegen durchparieren, können wir den Abstand der Stangen vergrößern. Oder aber wir gehen eine Runde auf die Turngeräte und auf jeder Hand eine lange Seite Schulterherein, um unser Pferd anderweitig zu lockern.

**Weiteres Vorgehen:**
Hat unser Pferd die körperliche Sicherheit erlangt, reduzieren wir in Zehn-Zentimeter-Schritten die Höhe unserer Nudeln, bis sie auf dem Boden liegen und wir als eigenen Trainingsschritt auch die kleinen Weidezaunpfähle entfernen.
Dann schieben wir die Nudelbögen immer weiter nach außen, bis sie in so großem Abstand liegen, dass sie unserem Pferd keinerlei Informationen mehr geben. Es hat durch die vielen fehlerfreien Durchgänge in seinem Körperschema und seiner Belohnungsgeschichte sehr viel »Masse« auf dem Slalom. So wird es ihm leichtfallen, sich nach jeder Stange richtig zu entscheiden.

## Der Wassergraben

Ich nutze beim Agility den Wassergraben nicht, um Pferde hinüberspringen zu lassen, sondern um sie hindurch laufen zu lassen. Das ist ein viel schöneres Bild, macht bei Hitze enorm viel Spaß und ist ein gelenkschonenderer Vertrauensbeweis als ein Weitsprung. Mit wenig Mitteln bereichert ein Wasserdurchlauf unseren schnell Agility-Platz.

**WICHTIG!** Die Lauffläche im Wassergraben muss immer mit einer festen Gummimatte mit Riefen, Noppen oder Klötzen ausgelegt sein. Rutschgefahr!

Die Mini-Variante »baut« man aus dem Reststück des weißen Kunststofftanks (IBC-Behälter), den wir gut für einen Minitunnel (s. S. 127) zersägen können. Die Ränder sind ca. fünf Zentimeter hoch und wir haben eine »Strecke« von einem guten Meter. Auf die ebene Fläche kommt eine stabile Gummimatte, sonst besteht Rutschgefahr.

*Suse war trotz dreißig Grad anfangs nicht so entzückt vom Bad.*

Der »große« Wassergraben lässt sich recht einfach selbst zusammenbasteln.

**Benötigtes Material:**

- 2 Balken/Rundhölzer/Bohlen: 2,50 m, Durchmesser ca. 15 cm
- 2 Bretter: 120 x 15 x 3 cm
- LKW-Plane: 3,20 m x 1,50 m
- 4 Winkeleisen
- 16 30er-Schrauben
- 8 80er-Schrauben
- Schwere Gummimatte 85 x 240 cm, die die gesamte Innenfläche ausfüllt

Wir schrauben die Bretter mit den langen Schrauben an den Stirnseiten der Balken fest und fixieren das so entstandene Viereck zusätzlich mit den Winkeleisen.

Dann legen wir die Plane so in die Umrandung, dass wir sie an den kurzen Seiten umklappen und unter die Holzkonstruktion klemmen können.

Seitlich reicht es, wenn die Plane gerade so über den Rand reicht.

Wenn die Gummimatte drinliegt, brauchen wir nur noch die Gassen abzustecken und unser Training kann beginnen.

Da Wassergräben nur im Trab oder schneller so richtig Spaß machen, beschreibe ich hier die Variante für das Durchtraben. Wenn unser Pferd aus gesundheitlichen Gründen nicht traben kann oder darf, dann lassen wir Schritt drei bis fünf weg und erarbeiten das Durchgehen im Schritt bei steigender Wasserhöhe. Die Schritte 2 bis 7 werden jeweils fünfmal wiederholt.

**Schritt 1:**
Der Wassergraben ist noch ohne Wasser. Er befindet sich in der Mitte einer Gasse, deren Ränder bündig passen. So kann unser Pferd nur gerade durch und sich leichter seine Clicks verdienen. Wir gehen auf der einen Seite, unser Pferd auf der anderen. C+B für das erste Beschnuppern, den ersten Huf, den zweiten Huf; jeder Schritt durch diese Situation wird bestärkt. Ist unserem Pferd ein gewisses Unwohlsein anzumerken, was sich in erhöhter Bereitschaft, den Graben zu verlassen, zeigt, dann wiederholen wir Schritt 1, bis die Anspannung nachlässt. Ist es entspannt und freut sich über die vielen Kekse, dann gehen wir über zu …

**Schritt 2:**
Wir gehen wieder an, C+B gibt es für den ersten und den letzten Huf, den unser Pferd in den Graben setzt. Fünfmal wiederholen.

**Schritt 3:**
Wir traben zum Wassergraben, C+B für ersten und letzten Huf, fünfmal wiederholen.

**Schritt 4:**
Jetzt gibt es nur noch C+B, wenn der erste Huf in den Graben auch ein Trabschritt ist, fünfmal wiederholen.

**Schritt 5:**
C+B für komplettes Durchtraben des Grabens, fünfmal wiederholen.

**Schritt 6:**
Wir gießen mit Eimer oder Gießkanne so viel Wasser in den Graben, dass der Boden gerade so eben bedeckt ist und wiederholen Schritt 2 einmal, dann fünfmal Schritt 3.

**Schritt 7:**
Schritte 4 und 5 mit steigendem Wasserstand. Weiter geht es mit demselben Schema, bis wir die maximale Füllhöhe unseres Grabens erreicht haben und unser Pferd freudig hindurchtrabt. Dann erst reduzieren wir die Höhe der Gasse bzw. machen sie breiter. Der Sommer kann kommen!

## Der Tunnel

Ein wunderbarer Vertrauensbeweis ist es, wenn mein Pferd allein durch einen Tunnel trabt – eng und dunkel ist immer eine Herausforderung. Damit auch dies mit viel Freude und Sicherheit absolviert werden kann, bauen wir es in gut zu bewältigenden Schritten auf.

Den Anfang für die Aufgabe »unter etwas durchlaufen« können wir gut mit einfachen Bögen machen. Bei der Herstellung des Fühlprofils (s. S. 76) bleiben die Flanken des Reifens übrig. Wir können einen mit Stichsäge und Flex halbieren und bekommen einen Bogen, den man an Ketten aufhängen und leicht in der Höhe variieren kann. Noch besser sind Bögen aus Drainagerohr oder Schwimmnudeln, die wir einfach auf Plastik-Weidezaunpfähle stecken und mit Spanngummis fixieren.

Hierbei haben wir einen großen Vorteil: Wir können den Anfangsbogen so hoch und so breit machen, dass unser Pferd, ohne groß zu zögern, hindurchtraben wird. Durchgang für Durchgang verkleinern wir dann die Öffnung um jeweils zehn Zentimeter.

*Auch so ein Tunnel lässt sich in Höhe, Breite und Länge wunderbar an unser Pferd anpassen.*

*Mit langem Hals und langer Nase am Eingang ...*

Wenn das Sichtzeichen »Arm vor« für das Angehen eines Gerätes noch nicht sicher etabliert ist, begrenzen wir die Seite, auf der wir nicht laufen.

Manchmal haben wir aber nur die Möglichkeit, eine Gruselsache, die nicht veränderbar ist, zu trainieren. Dann ist hierbei wichtig, die Clicks für den Beginn – Kopf vor, Schnuppern, ein bis zwei Schritte rein – nur kurze Zeit einzusetzen, damit schnell das *Durch* als clickenswert für unser Pferd erkannt wird. Auch hier ist die Hüfte, die den Ausgang passiert, erst einmal der Clickpunkt, weitere Clicks gibt es dann auf der Matte, die wir in kurzer Entfernung hinlegen.

Für den Minitunnel wird ein IBC-Behälter (ein weißer Plastikwürfel mit einem Kubikmeter Inhalt, in dem oft Wasser transportiert wird) so aufgesägt, dass wir ihn aufhängen können. Eine seitliche Fixierung ist hilfreich, wenn es windig ist. Mein Minitunnel hängt an einer Umlenkrolle, damit ich die Höhe auf das jeweilige Pferd anpassen kann. Hinter den Tunnel legen wir eine Gummimatte oder ein ähnlich hoch bestärktes Objekt, damit die Passage der Gruselzone noch attraktiver wird. Beginn wie immer im Schritt, ein- bis zweimal können wir auch mitgehen, danach ist es sinnvoll, wenn unser Pferd das Gerät allein passiert. Fortgeschrittene Pferde traben dann später mit »weichen Knien« durch den Minitunnel, der so tief hängt, dass die Tunnelkante knapp über dem Widerrist ist.

Ein Minitunnel muss nicht zwingend aus einem IBC-Behälter bestehen. Eine alte Tür kann ebenso gute Dienste leisten

*Für Lucas Größe hätte der Tunnel noch höher sein sollen.*

*Der Kreativität sind bei der Gestaltung eines Tunnels keine Grenzen gesetzt.*

*Für Pferde ohne Erfahrung ist der Bogen ein perfekter Einstieg in das Training für den Tunnel.*

Wir hängen sie waagerecht mit Planen an den Seiten auf. Diese Variante hat sogar den Vorteil, dass wir zuerst ein Kriterium – gehe unter einem Objekt durch – trainieren können und dann erst die seitliche Enge hinzukommt.

Ein längerer und damit auch dunklerer Tunnel gilt als wahre sportliche Herausforderung, die von einer Variante des Sacktunnels aus dem Hundebereich gekrönt wird. Wenn man den Tunnel aus Hindernisstangen und Plane baut, sollte er anfangs nicht länger als einen guten Meter sein, nach 5 Durchgängen verlängern und wieder verlängern. Ebenso gehen wir vor, wenn der Tunnel um eine Kurve geht: Zuerst ist der Ausgang noch gut sichtbar, nach 5 Durchgängen weniger gut, noch weniger und dann erst so, dass er nicht mehr sichtbar ist. Wenn wir immer im Vertrauensbereich unseres Pferdes bleiben, wenn es immer auf die Frage: Kannst du ...? mit einem spontanen Ja! antwortet, dann geht es im Training schnell voran und es macht allen Beteiligten Freude.

Der große Tunnel auf Hof Steigerwald ist aus einem alten Gitterwagen gebaut. Er ist 5 m lang, 1m breit und 2,5 m hoch, die Seiten sind halb offen. Dies hat den Vorteil, dass ich außen mitge-

hen und von dort aus auch das Pferd im Tunnel füttern kann.
Schon der erste Schritt ran wird bestärkt. Merken wir unserem Pferd Unsicherheit an, nutzen wir die Technik des Rückwärts-Fütterns: Wir clicken den Schritt, präsentieren das Futter aber so nah vor der Brust unseres Pferdes, dass es einen Schritt zurück gehen muss, um es nehmen zu können.
Der nächste Schritt nach vorne ist dann in die Sicherheit hinein. Unser Pferd weiß, dass es dort schon einmal war, einen Click bekam und sich kein Säbelzahntiger auf es gestürzt hat. So wächst das Vertrauen und wir haben immer wieder die Gelegenheit, unser Pferd für seinen Mut zu bestärken, weil es nach jedem rückwarts gefütterten Click viel sicherer ein bis zwei Schritte vor geht. Würden wir den Schritt nach vorne clicken und dann noch weiter vorne füttern wollen, kann es sein, dass das Ziehharmonika-Phänomen auftritt. Dieses wird auch gerne beim Verladen gezeigt.

*Wir sollten nur bei einem nervenfesten Pferd im Tunnel vorgehen.*

*Hohe Bestärkung bei den ersten Durchgängen.*

*Später clicken wir nur noch den Ausgang.*

Das Pferd wird lang und länger, nur weiter mit den Hinterbeinen kommt es nicht mit.

Die ersten Durchgänge im Tunnel werden hoch bestärkt. Dann setzen wir die Clicks immer mehr in Richtung Ausgang, so dass schlussendlich nur noch das Herauskommen aus dem Tunnel geclickt wird.

Dann schließe ich das Verdunkelungsrollo, welches am weitesten vom Eingang entfernt ist. C+B gibt es für das Hineingehen, für das Passieren des Rollos und für den Ausgang. Wechselseitig werden dann alle Rollos hinuntergelassen, bis unser Pferd entspannt durch den geschlossenen Tunnel geht.

Ob wir für den Trab die Rollos erst wieder hochziehen oder gleich das Gerät in seiner Endfassung benutzen, hängt von der Sicherheit unseres Pferdes ab. Für die meisten reicht die Belohnungsgeschichte im Schritt, um sich auch trabend ins Dunkle zu stürzen, sollte das nicht der Fall sein, müssen wir den Tunnel entweder entschärfen oder höher bestärken. Er gehört auf jeden Fall zu den Geräten, die beschleunigend auf unser Pferd wirken. Beim Herauskommen sollten wir bei unserem Laufweg auf genügend Abstand achten.

## Sacktunnel

Die nächste Steigerung ist ein zweigeteilter Vorhang am Ausgang. Der Sacktunnel aus dem Hundesport stand hier Pate. Er hat einen festen Bereich, an dessen Ende ein offener Schlauch aus dünnem Stoff anschließt. Läuft der Hund hindurch, ist er einen Moment lang blind, weil der

*Tendenziell schreckhafte Pferde dürfen sich die Rollos in Ruhe ansehen.*

*Hier braucht es noch mehr Bestärkungen, bis Freya sich sicher fühlt.*

Stoff ungefähr zwei Hundelängen hat. Das habe ich mich bei Pferden noch nicht getraut, aber wer weiß, was die Zeit noch bringen wird.

Das Training des Vorhangs ist recht einfach, wir können es auch ohne Tunnel machen. Wir nehmen zwei Stücke Stoff von ca. einem mal zwei Meter und hängen sie so auf, dass sie sich gerade eben so überlappen. Eine Begrenzung auf der Seite, wo wir nicht laufen, ist auch bei dieser Aufgabe hilfreich. Der Stoff wird wie bei einem Wohnzimmervorhang zur jeweiligen Seite gebunden, so dass unser Pferd bequem und ohne ihn berühren zu müssen hindurchkommt. Bodentarget oder Wippe in zwei bis drei Metern Entfernung helfen, die Passage noch attraktiver zu machen. Das können wir ein paar Mal im Schritt machen, dann sollten wir in Hinblick auf den Parcours zum Trab übergehen.

Wir lassen die Vorhänge nach jedem Durchgang ein paar Zentimeter weiter zur Mitte hängen. Ein kritischer Moment kann kommen, wenn unser Pferd das erste Mal Körperkontakt mit dem Stoff hat. Das sollten wir auf jeden Fall mit C+B bestärken, aber darauf achten, dass unser Pferd eventuell etwas schneller herauskommt. Die Stoffberührung am Kopf, speziell an den Ohren, kann der nächste Stressor sein und die letzte Herausforderung ist der komplett geschlossene Vorhang.

Um sich einmal der Größe dieses Vertrauensbeweises bewusst zu werden, sollten wir selbst einmal mit ordentlich Schwung durch den geschlossenen Vorhang rennen. Es fühlt sich die ersten Male schon etwas komisch an, selbst wenn der Verstand genau weiß, dass nichts passieren kann. Waren wir mit unserem Training erfolgreich, haben wir ein Pferd, was am Ende des Tunnels mutig durch eine »Wand« trabt und uns größtes Vertrauen schenkt.

**Live-Coaching 8: Nudelgasse – Enge und Berührung**

***Durch Berührung ebenso anspruchsvoll. Die Nudelgasse.***

***http://mein.mueller-rueschlikon.de/42167/08.mp4***

# Parcours

## Sinnvolle Kombinationen

Seien wir kreativ und nutzen die Möglichkeiten, die wir haben.

Ein gemeinsamer Lauf, bei dem vielseitige Herausforderungen gemeistert werden, ist einfach großartig!

Wenn wir unser Pferd so vielseitig wie möglich fördern wollen, sollte mindestens die Hälfte aus anderen Aufgaben als Sprüngen bestehen. Ein solcher Parcours trainiert Tempowechsel, Signalkontrolle, Gleichgewicht, Gelassenheit, Beweglichkeit, Tiefenmuskulatur und Glücksgefühle über das schöne Miteinander. Ich kann immer wieder nur betonen, dass alles möglich ist. Schauen wir, was uns und unserem Pferd Freude macht und den Bewegungsapparat sinnvoll trainiert.

Wir unterscheiden acht Themenbereiche – und hier steht noch längst nicht alles.

Der ideale Parcours hat aus jedem der Bereiche mindestens eine Aufgabe und schon haben wir eine Idee, was alles mit hineinkommen sollte. Manchmal wird unser Parcours dadurch vorgegeben, was wir schon trainiert und Vorort zur Verfügung haben. Es ist aber immer sinnvoll, sich einmal seine Aufzeichnungen zur Hand zu nehmen und eine Extra-Aufstellung der einzel-

| Rüber mit Flugphase | Instabilität | Balancieren | Rauf |
|---|---|---|---|
| Stange | Wippen | Bohle | Podest |
| Rohr/Stamm/Säcke | Turnmatten | Rundholz | Hügel |
| Reifen | Drehteller | Feuerwehrschlauch | Stepper |
| Weitsprung | Wackelbrett | Balken | Treckerprofil |
| Schmalsprung | | | Brücke |

| Vertrauen | Im Stand | In der Bewegung | Biegen |
|---|---|---|---|
| Flattervorhang | Körpertargets | Seitengänge | Slalom |
| Tunnel | Beine kreuzen | Dreh dich | Acht |
| geschlossener Vorhang | Bergziege | Rückwärts | Volte |
| Wassergraben | Halsdehnung | Um Objekte herum | |
| | Steh-Bleib | Mit tiefem Kopf | |
| | | Übergänge | |

*Auch auf fremden Plätzen läuft Amadeus souverän seinen Parcours.*

nen Aufgaben zu machen. Wichtig ist auch, zu wissen, welche in welchem Tempo angegangen werden können.

Das können wir dann entsprechend in unserem Parcours einplanen. Wenn wir im Training bei unserem Pferd gewisse Lieblingsgeräte orten, können wir diese nutzen, um das Bewältigen eines weniger Attraktiven zu belohnen. Nach dem Reifensprung den Drehteller, nach dem Weitsprung den Balancierbalken. Wenn es an hoch bestärkten Geräten mangelt, lassen sich auch Übungen wie Beine kreuzen oder Körpertargets nach den Sprüngen einbauen. Wer sich noch an das Zirkeltraining aus dem Schulsport erinnert, kann nachvollziehen, wie sehr wir unserem Pferd mit Übungen helfen, die es schon gut beherrscht.

Haben wir einen schönen Plan, steht alles an seinem vorgesehenen Platz und das Geläuf ist sicher, gehen wir unbedingt *ohne* unser Pferd den ganzen Weg ab und üben unsere Bewegungsabläufe. Auch wenn es für Außenstehende ein interessantes Bild abgibt: Es reicht nicht, nur zu *wissen*, was wir wo tun wollen, wir müssen es auch *tun*. Vieles ist nämlich plötzlich ganz anders, wenn neben uns ein Pferd trabt. Linken Arm raus, abbremsen, rüberschicken, einsammeln, Slalom, clicken, weiter traben, Rechtsbogen. Wann nehme ich den linken Arm raus? Wo fange ich an, abzubremsen? Wie kommen wir jetzt dort rüber?
Eine Abfolge von zehn Aufgaben können wir uns leicht einprägen, wir können uns auch kleine Pylonen mit Zahlen darauf zulegen, das vereinfacht uns die Orientierung im Parcours.

Wie viel Strecke zwischen den einzelnen Hindernissen sinnvoll ist, hängt von mehreren Faktoren ab. Natürlich vergrößert sie sich mit steigendem Tempo. Wenn wir noch im Schritt unterwegs sind, sind zwanzig Meter, um zur Wippe zu kommen, natürlich zu lang (-weilig). Im Galopp dagegen sind sie schnell vorbei. Wir können auch einmal eine lange Gerade nutzen, um so richtig Gas zu geben. Und verschnaufen, wenn unser Pferd sich auf dem Drehteller weiter trainiert.

Wenn wir nicht in erster Linie das Herz-Kreislauf-System unseres Pferdes trainieren wollen, der Boden oder unsere eigene Fitness längere Parcours-Strecken nicht hergeben, ist die Auswahl an gymnastizierenden Übungen zwischen den einzelnen Hindernissen recht vielfältig: Seitengänge, Rückwärts richten, Beine kreuzen, Halsdehnung, alle Körpertargets, Bergziege usw.

## Gleiches Recht für alle

Spätestens, wenn wir im Trab einen Parcours mit unserem Pferd laufen wollen, kommen wir an den interessanten Punkt, wo wir uns die Frage nach der eigenen Fitness stellen müssen. Natürlich haben wir uns genauso wie unser Pferd an kurze Trabstrecken gewöhnt, aber wie sieht es mit *unserem* Gleichgewichtssinn aus?

*Teams der Ponyranch Elbstrand waren zahlreich auf unserem True Horse Agility-Turnier vertreten.*

Auch wir laufen gesünder durchs Leben, wenn wir dafür sorgen, dass unser Bewegungsapparat mehr in der Balance ist. Den Großteil der Turngeräte können wir auch für uns selbst nutzen, vor allem macht es oft mehr Spaß, als »einfach so« zu turnen oder eine Runde um den Platz zu joggen.

Auf den Wippen profitieren wir ebenso wie die Pferde davon, die Füße stehen zu lassen und nur über eine Gewichtsverlagerung die Bewegung herbeizuführen. Möchten wir die vor allem beim Reiten wichtige Beckenbeweglichkeit fördern, strecken wir die Beine ganz leicht durch. Auch unser Oberkörper bleibt so gerade wie möglich, wenn wir aus dem Becken die Wippe zum Hin- und Herschwingen bringen. Wir können mal mit ganz engen Füßen wippen, mal mit deutlich über Schulterbreite gestellten.

Die Zweibeinwippe können Fortgeschrittene auch als Ein-Fuß-Wippe für sich selbst nutzen: Wir stellen uns mittig auf die Wippe, nehmen einen Fuß hoch und wippen dann. Ganz Fortgeschrittene halten bei dieser Übung auch noch ein gefülltes Wasserglas in jeder Hand. Wir sehen: Der Kreativität sind kaum Grenzen gesteckt, wenn wir das Vorhandene vielseitig nutzen.

Bei den Drehtellern gilt dasselbe: Je weniger Beinaktivität, desto besser für die Rumpfmuskeln. Es fühlt sich gut an, wenn man einmal den richtigen Stand und Rhythmus gefunden hat, den Rand über den Boden rollen zu lassen und erinnert etwas an Hula-Hoop-Reifen.

*Ein Tänzchen in Ehren ...*

*Gemeinsames Wippen zum Aufwärmen und Spaßhaben.*

Den Drehteller auf der Spitze rotieren zu lassen ist für uns Menschen mangels Schwungmasse eine besondere Herausforderung. Wir können sie dazu nutzen, uns von einem Helfer für die richtigen Bewegungen clicken zu lassen. Gemeinsamer Spaß ist auf jeden Fall vorprogrammiert. Auf dem Wackelbrett können wir je nach Stärke der eingebauten Federn verschiedene Bewegungsrichtungen ausprobieren. Hoch und runter, rechts und links, vor und zurück, diagonal und im Kreis sind möglich. Unsere Wirbelsäule profitiert am meisten davon, wenn wir sie auf dem Wackelbrett aufrecht halten.

Der Balancierbalken scheint mit seinen zwanzig Zentimetern Breite für uns Menschen keine echte Herausforderung zu sein. Wie ist es dann mit geschlossenen Augen? Rückwärts? Das gleiche gilt für das Treckerprofil und das Rundholz.

So spaßig alle diese Sachen in der Umsetzung sind, haben sie doch einen großen Nutzen: Wir bewegen uns selbst sicherer im Parcours, können Hindernissen besser ausweichen und bekommen schnellere Reflexbewegungen, die uns vor Stolpern oder Umknicken schützen. Manchmal hat man so sehr im Blick, wohin sein Pferd läuft, was es gerade macht und die nächste Aufgabe des Parcours im Kopf, dass schlichtweg Hindernisse im Weg übersehen werden. Außerdem profitiert unser Pferd unter dem Sattel sehr davon, wenn sein Reiter mehr in der Balance ist. So selbstverständlich wie das Aufwärmen unseres Pferdes sollte auch unser eigenes sein. Machen wir uns fit für den Parcours.

## *Beispielparcours*

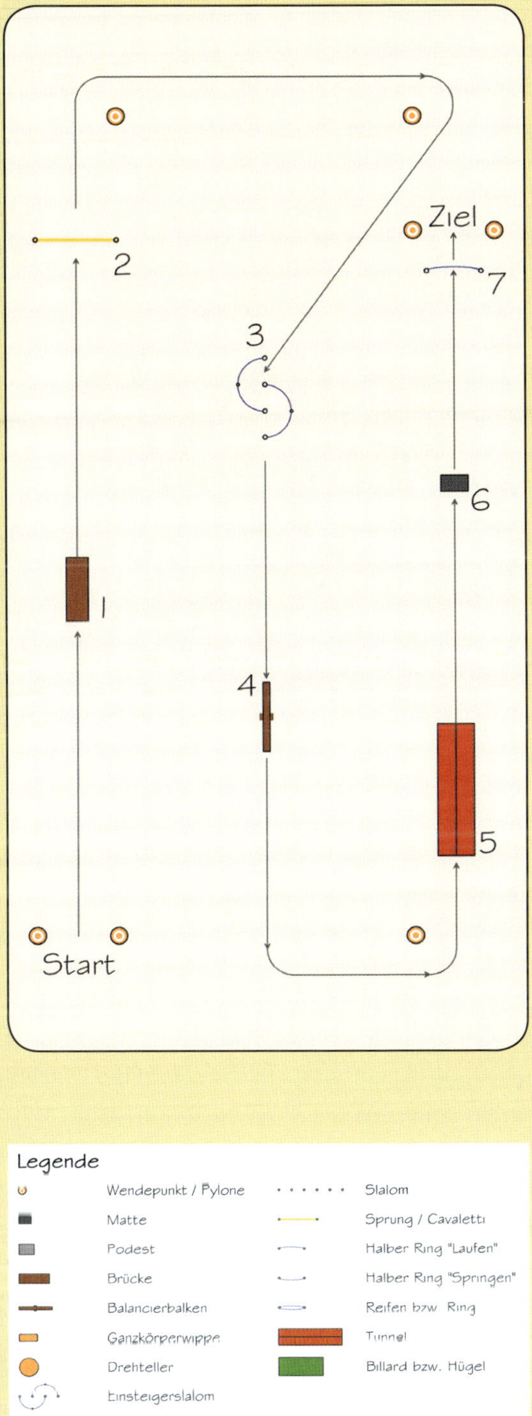


So oder so ähnlich kann ein Parcours für den Anfang aussehen. Der Faktor »Instabilität« fehlt noch, aber für Nerven, Gleichgewicht, Biegung und Vertrauen haben wir das Entsprechende.

**Was muss unser Pferd schon alles hierfür auf Signal beherrschen?**

- Ruhig zwischen zwei Pylonen stehen und auf das Signal zum Loslaufen warten
- Mit uns zu einem Gerät hinlaufen und abbremsen
- Über die Brücke laufen
- Nach Abgängen von Hindernissen antraben
- Über ein Cavaletti traben
- Von links und rechts um eine Pylone herum durch die Ecke laufen
- Eine gerade Strecke traben
- 4-Stangen-Slalom
- Mit allen vier Hufen über den Balancierbalken gehen
- Dies auch, währenddessen der Mensch die Seite wechselt
- Entspannt durch den Tunnel traben
- Auf die Matte traben und dort halten
- Unter einem Bogen durchlaufen

## *Vielseitiger Lauf*

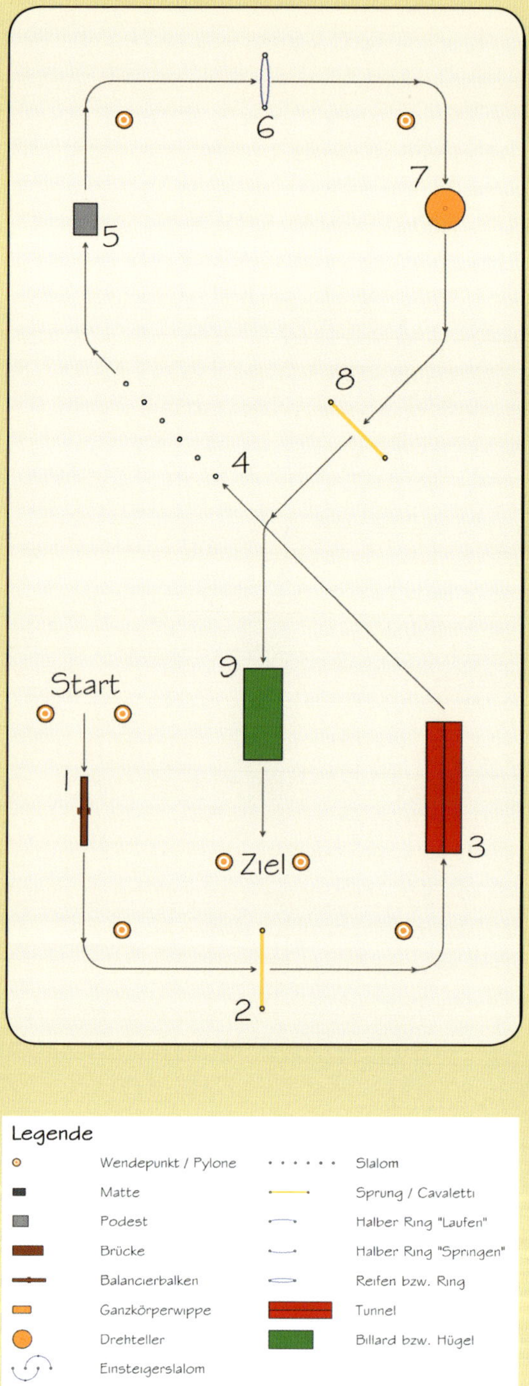


## Und was muss der Mensch können?

Wir hingegen müssen auch traben können; in der Lage sein, unser Pferd abzubremsen; die Signale für »auf das Gerät/über den Sprung« und »um etwas herum« im richtigen Moment deutlich geben und den Wechsel so durchführen können, dass unser Pferd seine Richtung beibehält. Die sicherste Zone hier ist auf dem Balancierbalken. Wir können aber auch den Slalom clicken und während des Fütterns wechseln. Wenn wir keinen Tunnel zur Verfügung haben, dann nehmen wir etwas anderes für die Nerven. Die Markierung von Start und Ende mit je zwei Pylonen macht es für uns und unser Pferd einfacher, in den »Parcours-Modus« zu kommen bzw. einen deutlichen Zielpunkt zu haben und auch nach der letzten Aufgabe mit Schwung weiterzulaufen.

In unserem ersten Beispielparcours sind durch die sieben Aufgaben plus Pylonen und Ziel elf Clicks möglich. Wenn wir uns an so einen Lauf wagen, sollte unser Pferd für die Strecken dazwischen keinen Click mehr für das Mittraben brauchen. Da es eines der Ziele ist, den ganzen Parcours durchzulaufen und dann erst zu bestärken, muss unser Pferd lernen, dass es eine Zeit lang arbeiten muss, bis es C+B bekommt. Jedes einzelne Gerät und jede Aufgabe hat ihre Belohnungsgeschichte, von daher ist es recht einfach, die Dauer erst über zwei und dann mehrere Hindernisse aufzubauen. Jedes Signal ist ein tertiärer Verstärker und hilft unserem Pferd, sich nach erfolgreicher Aufgabe auch ohne Click weiter zu bewegen.

Damit unsere Belohnungsrate, die Clicks pro Minute, in einem ganzen Parcours nicht so weit absinkt, dass unser Pferd nicht mehr mitläuft oder eine Aufgabe während des Parcours nicht bewältigt, füttern wir nach dem Click für das Passieren des Zieles oder des letzten Hindernisses drei bis vier Kekse. Ob es genug war, merken wir daran, dass unser Pferd die gleiche Strecke genauso freudig und genauso gut ausführt. Manchmal muss man sich auch trauen, mehr zu verlangen, um zu sehen, wie weit unser Pferd schon ist. Macht es Fehler, wissen wir, dass die Anforderung zu hoch bzw. die Bestärkung zu niedrig war.

Dieser Parcours hat aus allen Bereichen seine Aufgaben. Wenn wir zwischen Nummer drei und vier – Tunnel und Slalom – ein »Dreh dich« einbauen, können wir schön die Seite wechseln, wir können aber auch unser Pferd in den Slalom schicken und hinter ihm wechseln oder wir überholen es im Slalom. Wenn wir den Parcours von hinten beginnen, ist noch ein günstiger Wechselpunkt auf dem Podest.

Wir haben fast immer mehrere Möglichkeiten zur Auswahl, wie wir einen Parcours trainieren können. Vor allem, wenn wir ein und denselben mehrmals hintereinander laufen, kann es interessant sein, wann unser Pferd anfängt, Hindernisse vorwegzunehmen, anstatt auf unsere Signale zu achten. Dann ist es hilfreich, ein bis zwei Geräte oder Aufgaben abzuändern. So realisiert unser Pferd, dass es immer darum geht, den Parcours mit uns zu bewältigen. Es wird dann noch mehr auf uns und unsere Signale achten.

## Belohnungsrate

Warum es wichtig ist, den ganzen Parcours erst zu machen, wenn wir alle einzelnen Geräte richtig beherrschen, d.h. von beiden Seiten, auf Signal und körperlich sicher: Das sogenannte »Kettendilemma« könnte unser Training behindern. Wenn unser Pferd von sieben Hindernissen fünf gut läuft und es beim sechsten einen Fehler macht, haben wir zwei Möglichkeiten. Wir brechen ab und gehen den Parcours neu an. So bekommt unser Pferd zwar die Information, dass das nicht das gewünschte Verhalten war, wir schwächen aber auch die fünf gut absolvierten Aufgaben. Ignorieren wir den Fehler, machen noch das letzte Hindernisse fehlerfrei und geben dann C I B, haben wir weitere Fehler vorprogrammiert, da der vorherige mit belohnt wurde.

Nach dem ganzen Parcours machen wir einen Rückblick oder schauen uns die Videoaufnahmen an. Wenn die eine oder andere Zone nicht dem entsprach, was wir vom Trainingsstand unseres Pferdes erwartet haben, achten wir im nächsten Durchgang verstärkt darauf. Wenn unser Pferd beispielsweise nach zehn Metern im Trab zu schnell war und deswegen mit dem ersten Huf neben den Balancierbalken getreten ist, den Rest aber fehlerfrei bewältigt hat, bremsen wir es jetzt eher vor dem Balken. Sollte sich keine Besserung zeigen, üben wir nur das Abbremsen aus dem Trab und/oder den präzisen ersten Schritt auf dem Balken. Das Schöne am Training mit positiver Verstärkung und planvollem Vorgehen ist seine Genauigkeit, wodurch Mensch und Pferd erfolgreicher gemeinsam agieren können.

# Nina Steigerwald

***Pferdephysiotherapeutin***

******TOP-Trainerin der Tierakademie Scheuerhof***

***Heilpraktikerin für Psychotherapie***

***Autorin***

Nina Steigerwald hat sich dem Training mit positiver Verstärkung verschrieben. Der Kommunikation mit dem Partner Pferd, die sich die Erkenntnisse der Lerntheorie zunutze macht und sich ganz danach richtet, was das Pferd als angenehm empfindet. Sie lebt mit ihrem Mann und ihrem Sohn auf einem Hof in Niedersachsen. Vier Ponys genießen dort auf einem Paddock-Trail mit einem Kilometer Laufwegen ihr Leben, hinzu kommen Schafe und viele Hühner.

*Nina Steigerwald*

Sie besucht regelmäßig Fortbildungen bei Viviane Theby und Tiertrainern wie z.B. Bob Bailey, Parvene Farhoody und Ken Ramirez. Sie ist Mitautorin von Büchern und DVDs über Clickertrainig, u.a. »Agility mit Pferden« und »Pferde-Behandlungstraining zur Vorbereitung auf Tierarzt, Schmied und Co.«.

Seit 2014 unterrichtet sie Tiertrainer aus allen Sparten mit dem Konzept der Chicken-Camps in operanter Konditionierung und seit 2017 findet auf Hof Steigerwald die Ausbildung zum Trainingsspezialisten Pferd statt, um gutes Clickertraining noch mehr zu verbreiten.

**www.steigerwald-t.de**

**Meine vierbeinigen Trainingspartner:**

**Amadeus, Shettywallach 18 Jahre**

Als ehemaliges Kinderpony wäre er jetzt arbeitslos – was für eine Verschwendung! Wenn alle anderen auf die Weide zum Gras stürmen, bleibt er kurz bei mir stehen und fragt, ob wir nicht lieber etwas zusammen trainieren wollen. Amadeus ist immer gerne mein Tester für neue Geräte.

**Freya, Welsh-Cob-Mix-Stute, 10 Jahre**

Freya ist nicht so der Typ Pferd, der sich groß am Menschen orientiert und ist mit eher schwachen Nerven ausgestattet. Durch die Freiarbeit hat sich bei uns deutlich mehr Miteinander entwickelt und sie wird immer tapferer.

Update 2019: Inzwischen war sie schon auf mehreren Messen dabei und von den schwachen Nerven ist nichts mehr zu merken.

# Zur Neuauflage

Vier Jahre sind seit der Erstauflage dieses Buches vergangen und es hat sich unglaublich viel getan. Immer mehr Menschen haben Freude daran, mit ihrem Pferd einen anderen Weg auszuprobieren. Auf Hof Steigerwald gibt es jährlich ein True Horse Agility-Turnier, bei dem es um harmonisches Miteinander und schöne Kommunikation geht. Pferdespielplätze werden fantasievoll ausgestattet und landauf, landab wird mit Begeisterung gewippt. Wir präsentieren unsere Gymnastizierung mit Spaß und Schwung auf Veranstaltungen wie der Equitana und der Cavallo Academy. Meine eigenen Pferde laden dort jeden Betrachter zum Staunen ein. Es ist dabei nicht nur die gute Figur und die durch True Horse Agility zustandekommende Geschicklichkeit. Es ist auch der freundschaftliche Umgang mit unseren Mitwesen, der alle begeistert.

**Jule, Mix-Stute, 21 Jahre**

Nach einer Karriere als Langstrecken-Wanderritt-Pferd, ein paar Distanzen und klassischer Dressur genießt Jule Senioren-Agility trotz Spat. Früher ist sie immer weggelaufen, wenn ich mit der Trense kam, jetzt kann sie mich einfach aus der Gruppe heraus auf den Agility-Platz rufen.

**Frieda, Friesen-Mix-Stute, 10 Jahre**

Frieda ist fast nur über positive Verstärkung ausgebildet und hat den Spitznamen »Mrs. Körpergefühl«. Anfangs fand sie Agility unattraktiv, weil es auf Turngeräten mehr Futter gab. Inzwischen läuft auch sie mit Begeisterung durch den Parcours.

**Wolfgang, Shettywallach 8 Jahre**

Wolfgang hat sich nach drei Jahren als »nur Beisteller« zum echten Agi-Profi entwickelt und begeistert die Online Community durch spektakuläre Auftritte.

# Danksagung

Mein Dank geht an Claudia König vom Verlag Müller Rüschlikon, die ich für diese neue Idee des Pferdesports begeistern konnte und an Kornelia Erlewein für das Layout.

Ein großes Danke an Katja Frey und Viviane Theby, die mich auf die Reise in das großartige Land des Trainings mitgenommen haben.

Ich danke allen meinen Schülern und ihren Pferden für ihre Offenheit, ihren Lernwillen und für wunderschöne Trainingsstunden.

Meinen Ponys dafür, dass sie so sind, wie sie sind, und mir zeigen, wie wundervoll das Miteinander sein kann, ebenso wie allen, die Hof Steigerwald mit zu dem machen, was er ist.

Ich danke Katja Bogen und Martin Rühl von der VFD Syke für die Turnmatten und die Unterstützung.

Danke auch an meinen Sohn und meinen Mann für ihre Nachsicht, wenn ich im Geiste mal wieder an einem neuen Turngerät tüftelte und für ihre tatkräftige Hilfe beim Bauen.

Meike Hinrichsen gebührt mein Dank für die schönen Skizzen und Grafiken, Anna-Lena, Steffi und Nils für die Hilfe im Endspurt des Buches.

Ich danke meinem Vater Peter Fischer für seine Geduld und seine unermüdliche Unterstützung bei Fotoshootings und allem rund um dieses Buch.